図説 日本の山

自然が素晴らしい山 50選

小泉武栄 [編集]

朝倉書店

執筆者
(執筆順)

小泉 武栄*	東京学芸大学教育学部
下川 和夫	札幌大学文化学部
寺島 一男	大雪と石狩の自然を守る会
川辺 百樹	前 ひがし大雪博物館
高橋 伸幸	北海学園大学工学部
小野 有五	北海道大学名誉教授／北星学園大学経済学部
菊池 多賀夫	元 横浜国立大学
清水 長正	防災地形コンサルタント
杉田 久志	森林総合研究所森林植生研究領域
大丸 裕武	森林総合研究所水土保全研究領域
檜垣 大助	弘前大学農学生命科学部
澤口 晋一	新潟国際情報大学情報文化学部
高岡 貞夫	専修大学文学部
高田 将志	奈良女子大学文学部
鈴木 郁夫	新潟大学名誉教授
本間 航介	新潟大学農学部フィールド科学教育研究センター
辻村 千尋	公益財団法人 日本自然保護協会
尾方 隆幸	琉球大学教育学部
須貝 俊彦	東京大学大学院新領域創成科学研究科
田村 淳	神奈川県自然環境保全センター
増澤 武弘	静岡大学理学部
土田 勝義	信州大学名誉教授
苅谷 愛彦	専修大学文学部
原山 智	信州大学理学部
福井 幸太郎	立山カルデラ砂防博物館
平川 一臣	北海道大学名誉教授
松岡 憲知	筑波大学大学院生命環境系
相馬 秀廣	奈良女子大学文学部
林 正久	島根大学教育学部
澤田 結基	福山市立大学都市経営学部
岡 秀一	専修大学／明治大学／法政大学
八幡 浩二	八幡黒耀石店
横山 勝三	阿蘇火山博物館／熊本大学名誉教授
横山 秀司	九州産業大学商学部
青山 潤三	写真家

*編集者

図説 日本の山－自然が素晴らしい山50選
はじめに

　大雪山，鳥海山，飯豊山，白馬岳，槍穂高，八ケ岳，北岳，富士山，白山，大山，霧島山，……．日本列島には地球の宝ともいってよいような素晴らしい山が目白押しである．このことは一旦，日本を離れて海外の山をみるとよくわかる．

　私が初めて登った海外の山は，レバノン山脈という西アジアの地中海沿いにそびえる小さな山脈である．そこは3000 mをわずかにこえる程度の，日本アルプスとほぼ同じ緯度にあり，同じ高度をもつ山並であったが，植物は乏しく，薄茶色に風化したほこりっぽい石灰岩の岩屑が斜面をおおっていた．どこをみても殺風景としかいいようのない景色で，私は高山植物や森林に恵まれた日本アルプスの自然との違いに愕然としたのである．

　そのうち世界各地の山を訪ねてみて，世界的にはこの山脈のような植被の乏しい山が普通であり，日本の山のような緑豊かな山の方が例外であることがわかってきた．またアラスカやヒマラヤなどの自然をみたときは，当初はその規模の大きさや，氷河や森の美しさに感激したが，そのうちに景色がほとんど変わらないことに飽きが生じ，次第に日本の山の細やかさが懐かしくなってきた．

　日本の高山はどの山もきわめて個性的で一つとして同じ山がない．富士山と白山では両方とも同じ火山かと疑ってしまうほど，その自然には違いがあるし，大雪山，八甲田山，岩手山，磐梯山，浅間山，御嶽，大山，阿蘇山と，北から南へ著名な火山を並べてみても同じことがいえる．険しい山の双璧とされる槍穂高と剱岳の違いも顕著だし，高山植物の豊かな山の代表としてまず名前のあがる白馬岳と北岳も，その自然には大きな違いがある．飯豊朝日はやはり並び称せられるが，両者の性格は著しく違っている．こうした個性を認めたうえであえて共通性を求めるとすれば，日本の山にはどこへ行ってもきめ細やかな自然があるということになろう．緑豊かで箱庭的な風景こそ日本の山の特色といえるのである．

　このような山々のきめ細かさをもたらした原因はいったいどこにあるのだろうか．最大の原因は日本の高山が世界でいちばん多雪であり，かつ世界でいちばん強風であるということであろう．ときには秒速50 mとか60 mに達する冬季の猛烈な強風のため，高山の稜線付近では吹きさらしと雪の吹き溜まりができやすい．このことは高山植物に多様な生育環境をもたらし，それがさまざまな植物群落を成立させることになった．

　もう一つの原因は，日本列島の地質の多様性である．日本は地質の博物館と呼ばれるほど多彩な地質からなるが，高山帯も例外ではなく，極端な場合，数mあるいは数十m移動すると地質が変化するということがけっしてめずらしくない．こうした岩石の中には蛇紋岩や石灰岩のように，有害な重金属を含んだり，貧栄

養だったりするため，普通の植物の生育は困難で，特殊な植物しか生育できないものがある．しかし日本の高山では，岩石の種類が異なると岩の割れ方に違いが生じ，ある岩石では砂礫地ができるのに，ある岩石では岩塊斜面が生じるというように，表層の岩屑に大きな違いが生まれ，それが植物の生育を大きく左右しているケースが多い．その結果，植物の分布と地質は密接な関係を示すことになった．

これまで山の自然の研究においては，植物は植物，地質は地質，地形は地形，気候は気候と，それぞれがバラバラに扱われてきた．しかし地質と植物分布の関係にみるように，それぞれの間には密接な関係が存在する．そこで本書では自然の一体性やつながりを重視し，植物や地形，地質がなぜそこにあるのかを説明するという手引き書を目指した．したがってよくある，この山にはこんな植物が生えていますという単純な話ではなく，植生や植物の分布を地形・地質や，風の当たり方・残雪の分布，さらにはその山の生い立ちや自然史から説明するように心がけた．火山の場合はその山の火山活動の歴史とからめて解説を行うように努めた．

わが国にはミズバショウやニッコウキスゲ，コマクサといった高山植物のファンが多い．しかし植物だけでなく，周囲の自然の様子にまでもう目を広げていただくと，これまでみえなかったものがいろいろみえてきて山歩きがずっと充実するはずである．私はそういった登山を"知的登山"とよんでいるが，頭を使い，身体を使う登山は健康にもよい．ぜひ試みていただきたいと思う．また本書で紹介した山に登られるときは，ぜひ該当するページをコピーしておもちいただきたい．

本書では日本の山々から自然の素晴らしい山50を厳選した．いわゆる百名山と重なっているものが多いが，佐渡の金北山や隠岐の大満寺山，伊豆諸島・神津島の天上山，四国の東赤石山のように，有名でない山もいくつか含まれている．他にも落とすに忍びない山がいくつかあったため，数は50をこえてしまい，書名と合わない点があるが，ご了承いただきたい．

 2012年4月

小泉武栄

図説 日本の山－自然が素晴らしい山50選

目　次

　　0　概　説―日本の山の特徴 …………………………………………………［小泉武栄］　2

北海道
　　1　利尻山―切り崩される火山島 ………………………………………………［下川和夫］　8
　　2　大雪山―北海道の大屋根 ……………………………………………………［寺島一男］　12
　　3　トムラウシ山―溶岩円頂丘の山 ……………………………………………［川辺百樹］　16
　　4　十勝岳―火山と強風の山 ……………………………………………………［寺島一男］　18
　　5　暑寒別岳―多雪環境がつくりだしたヒグマの棲家 ………………………［高橋伸幸］　22
　　6　幌尻岳・トッタベツ岳―氷河地形に彩られた日高山脈の最高峰 ……………………　24
　　　　　　　　　　　　　　　　　　　　　　　　　　　　　　　　［小野有五・小泉武栄］

東　北
　　7　八甲田山―8つの峰々と散在する湿原 ……………………………………［菊池多賀夫］　28
　　8　早池峰山―岩塊斜面が森林帯を押し下げる ………………………………［清水長正］　32
　　9　岩手山―植生分布に刻まれた火山活動の影響 ……………………………［杉山久志］　34
　　10　鳥海山―山頂から麓まで魅力が詰まった日本海側の雄峰 ………………［大丸裕武］　38
　　11　飯豊山―豪雪と強風がつくりだす山の景観 ………………………………［檜垣大助］　42
　　12　磐梯山―巨大崩壊地内部の植生 ……………………………………………［小泉武栄］　46
　　13　会津駒ケ岳―雪積の違いがつくる植生の非対称 …………………………［澤口晋一］　48

上信越
　　14　平ケ岳―多雪景観を学ぶ野外博物館 ………………………………………［高岡貞夫］　50
　　15　巻機山―多雪山地の偽高山帯とオオシラビソ林 …………………………［高田将志］　52
　　16　谷川岳―多雪気候に支配された日本を代表する岩峰 ……………………［鈴木郁夫］　54
　　17　苗場山―溶岩台地上に発達した高層湿原 …………………………………［小泉武栄］　56
　　18　草津白根山・本白根山―火山と自然の博物館 ……………………………［小泉武栄］　58
　　19　妙高山・火打山―複式火山と中新世海成層からなる非火山との対照 …［鈴木郁夫］　60
　　20　金北山（佐渡島）―洋上の山の森と花たち ………………………………［本間航介］　64

関東近辺
　　21　至仏山・燧ケ岳―尾瀬ケ原をはさんで対峙する2つの個性 ……………［辻村千尋］　66
　　22　男体山・日光白根山―湖沼・湿原群の生みの親 …………………………［尾方隆幸］　70
　　23　妙義山―岩峰と石門の山 ……………………………………………………［須貝俊彦］　74
　　24　金峰山・瑞牆山―岩塊斜面とトア（岩塔）………………………………［清水長正］　76
　　25　丹沢山―大都市近郊にひろがる多様な植生景観の山 ……………………［田村　淳］　78
　　26　富士山―日本の最高峰 ………………………………………………………［増澤弘弘］　82
　　27　八ケ岳―多くの峰が連なる火山群 …………………………………………［土田勝義］　86
　　28　縞枯山―縞枯れはなぜ起こるのか …………………………………………［小泉武栄］　90
　　29　天上山（神津島）―白いパミスがつくるロックガーデン ………………［小泉武栄］　92

日本アルプス			
	30 白馬岳—北アルプスを代表する雪と岩の山	[苅谷愛彦]	94
	31 剱　岳—日本一の岩峰	[原山　智]	96
	32 立　山—日本にも現存していた氷河	[福井幸太郎]	98
	33 槍ケ岳—飛騨山脈を代表する氷蝕尖峰はピサの斜塔？	[原山　智]	100
	34 穂高岳—175万年前の火山活動がつくった飛騨山脈の最高峰	[原山　智]	102
	35 乗鞍岳—崩壊と噴火を繰り返してきた火山	[小泉武栄]	104
	36 御　嶽—信州を代表する巨大火山	[小泉武栄]	106
	37 木曽駒ケ岳—花崗岩がつくる多様な地形と植生	[小泉武栄]	108
	38 甲斐駒ケ岳—日本アルプスでいちばん代表的なピラミッド	[平川一臣]	110
	39 鳳凰三山—高山の自然の仕組みを教える偉大な前山	[平川一臣]	112
	40 北岳・間ノ岳—動き易きこと山の如し	[松岡憲知]	116

近畿中国四国			
	41 白　山—手取層の上にのる小さな火山体	[小泉武栄]	120
	42 大峰山—やせ尾根と漫歩的尾根が同居する修験者の山	[相馬秀廣]	124
	43 氷ノ山・扇ノ山—すばらしい滝を擁する2つの山	[小泉武栄]	126
	44 大　山—崩れゆく霊峰	[林　正久]	128
	45 三瓶山—ブナ林を抱く溶岩ドーム	[澤田結基]	132
	46 東赤石山—四国一の高山植物の宝庫	[小泉武栄]	134
	47 石鎚山—シラビソ生育地の南西限	[岡　秀一]	136
	48 大満寺山（隠岐）—隠岐の不思議な植生	[八幡浩二]	140

九州			
	49 雲仙岳—真新しい1990-1995年噴火のつめ跡	[澤田結基]	142
	50 阿蘇山—草原が広がる雄大な火山	[横山勝三]	144
	51 霧島山—多様な火山地形	[横山秀司]	148
	52 大崩山—天を刺す巨大な岩峰	[小泉武栄]	152
	53 宮之浦岳—南海の洋上アルプス	[青山潤三]	154

日本の主な山のリスト　158

文　献　162

0 概説

日本の山の特徴

●山国であり，火山国でもある日本

　日本は国土の55%が山地，6%が火山地であり，これに丘陵地や山麓・火山麓を加えると，76%に達する．残りの11%が台地，13%が低地である．この比率は日本が基本的に山国であり，台地や低地はそれに付随するものであることを示している．

　日本列島で最も標高の高いのは中部地方である．日本アルプスを構成する3つの山脈をはじめ，富士山や八ケ岳連峰や秩父山地があり，2500mをこえる高山のほとんどを擁している．これに次ぐのは北関東の山並みで，日光連山や至仏山がある．次は東北・北海道で，東北地方では主脈である奥羽山脈の東に北上・阿武隈高地，西に出羽山地があり，北海道では日高山脈をはさんで北見山地，天塩山地があって，いずれも南北に配列している．若狭湾と伊勢湾を結ぶ線より西側では，山地の配列はほぼ東西になり，北側の中国山地，筑紫山地と南側の紀伊山地，四国山地，九州山地が並走する．

　火山地は国土の6%にすぎないが，いわゆる「日本百名山」のうち，火山は45とほぼ半数に近い数を占めている．これは火山が富士山や鳥海山のような秀麗な孤立峰をつくりやすいためだと考えられ，北海道から関東甲信越までの東日本では，火山は百名山52のうち32と半数以上を占める．ただ実際に火山のあるところは限られている．たとえば東京から東北新幹線に乗ると，右手には火山は全然ないが，左手には日光連山や那須岳をはじめとして次々に火山が現れる．これは奥羽山地が火山の有無の境界線（火山フロント）になっているためで（◆1），火山は奥羽山地の稜線上に点々とそびえるほか，それより西にも鳥海山や月山が現れる．火山フロントは北海道では千島弧に沿って知床半島から大雪山，暑寒別岳にのび，そこで南に向きを変えて，渡島半島の火山群をつくり，東北の火山に連なる．

　一方，火山フロントの続きは，越後山脈の南端付近でほぼ直角に折れて南に下がり，フロント上に浅間山や八ケ岳，富士山などをおこしつつ，箱根山から伊豆半島に続く．妙高山や，北アルプスの立山や焼岳，それに乗鞍岳，御嶽，白山などは火山フロントよりも西に噴出した火山である．

　西日本では火山は少なく，九州に阿蘇山や霧島山，雲仙岳，桜島などがあるほかは大山が目立つ程度である．火山フロントはフィリピン海プレートの潜り込みによって生じており，紀伊山地と四国山地には火山はない．近畿地方も北部に神鍋山があるものの，実質的に火山はないといってよい．

●プレートの動きと山地の形成

　日本列島の山地の配列や火山の分布は，ユーラシアプレートや太平洋プレートなど，4つのプレートの動きによって生じたものである．日本は4つのプレートの会合部にあり，東北日本では太平洋プレートが北米プレートの下に潜り込み，北米プレートがさらにユーラシアプレートの下に潜り込んでいる．西日本ではユーラシアプレートの下にフィリピン海プレートが潜り込んでいる．

◆1 **日本列島における活火山の分布** 気象庁では「概ね過去1万年以内に噴火した火山および現在活発な噴気活動のある火山」を活火山としている．▲はランクAの火山（100年活動度または1万年活動度が特に高い活火山），▲はランクBの火山（100年活動度または1万年活動度が高い活火山），▲はランクCの火山（100年活動度および1万年活動度がともに低い活火山）．（産業技術総合研究所地質調査総合センター「活火山データベース」http://riodb02.ibase.aist.go.jp/db099/index.html 中の活火山分布図を参照して作成）

ユーラシア大陸の中央部では，ユーラシアプレートの下に潜り込んだインド亜大陸がヒマラヤ山脈を隆起させたが，その後，次第に東にはみ出すような形になったため，第四紀に入るころから東向きの圧力が強まって中国大陸を東に押し出し，その結果，日本列島は東西から強く圧縮されるようになった．それにより北海道では日高山脈を中心とする山並みができたし，東北地方では奥羽山脈を主軸とする3列の褶曲軸が生じ，隆起が始まった．中部日本では北アルプスが断層を伴って大きく隆起し，3000 m をこえる高度にまで達した．褶曲軸が東西にのびた西日本では，圧縮の力が強くなかったため，中国山地や四国山脈，紀伊山地などができたものの，2000 m をこえるような高い山地は生じなかった．

　一方，約100万年前には伊豆半島が本州に衝突し，その下に潜り込みはじめた．このため赤石山脈や秩父山地がその余波を受けて隆起を始め，それぞれ標高 3000 m, 2500 m 前後に達した．潜り込みは現在でも継続しているため，その圧力は次第に西に波及し，木曽山脈や三河高原を隆起させた．圧力はその後，伊勢湾を沈降させ，さらには鈴鹿山脈や比良山地など，近畿地方中部の南北に配列する，小規模な山地を隆起させたと考えられている．隆起から取り残された部分が盆地や平野である．

　プレートが潜り込んで，深さ 150 km 前後に達すると，マグマができ，それが上昇してきて，地表に現れると火山ができる．これを連ねた線が「火山フロント」である．

● **日本列島の地質の成り立ち**

　日本列島の地質図をみると，小さな分布域をもつさまざまの岩石や地層が，モザイク状のきわめて複雑な分布パターンを示している．そこで細部は捨て，全体を概観すると，細々とした地質は，①古い時代の地層と変成岩，②花崗岩類，③新第三紀の地層，④第四紀の地層と火山噴出物，に大きく分けることができる．このうち①の花崗岩と，②，③のごく新しい時期にできた岩石や地層を取り除き，古第三紀以前の古い地層や変成岩をまとめて示したものが◆2である．この図をみると，日本列島の地質は帯状に配列しており，その配列は日本列島の走る方向とほぼ平行になっていることがわかる．これは日本列島の地質の大半が，付加体からできているためで，基本的に日本海側にあるものほど古い地質となっている．

　図中の，飛騨帯，隠岐帯は，大陸そのもののかけらといえ，日本最古の地質に当たる．飛騨外縁帯，南部北上帯などは，やはり大陸の一部といってよく，3億年以上前の岩石からなる．そしてそれ以外の四万十帯，秩父帯，美濃-丹波帯などが付加体に当たる．三波川帯や領家帯，黒瀬川帯，神居古潭帯は，付加体がいったん地下深くに押し込まれ，そこで変成したものだが，それがどのようなメカニズムで地表に現れたのかについては，まだよくわかっていない．

　日本列島で最も古い付加体は，古生代ペルム紀（二畳紀）から中生代三畳紀にかけてのものである．日本列島はまだ大陸の一部であったが，日本海溝の前身にあたる海溝に，海山を載せた海洋プレートが沈みこみ，秋吉台などの石灰岩台地を含む付加体を形成した．

　日本列島で最も広い分布をもつのは，中生代ジュラ紀の付加体である．秩父帯と美濃-丹波帯，足尾帯などがこれに当たる．秩父帯はかつて秩父古生層とよばれた地層で，層内に含まれるサンゴ礁石灰岩が，3億5000万年前から2億5000万年前という古い年代を示したことから，明治以来，100年以上もの長い間，古生代の地層だと考えられてきた．しかし近年の調査で，1億8000万年前から1億2000万年ほど前に付加したものであることがわかり，古生層の名前は消えた．四万十帯

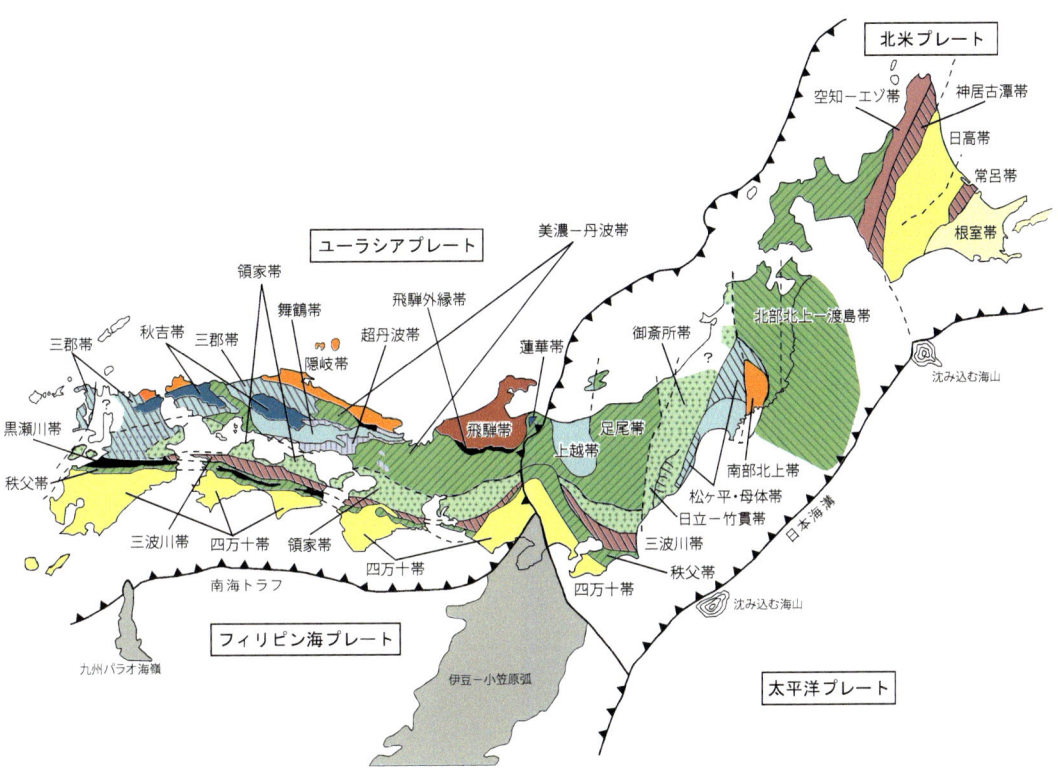

◆2 日本列島の地帯構造図（磯﨑行雄・丸山茂徳「日本におけるプレート造山論の歴史と日本列島の新しい地体構造区分」（地学雑誌, 100(5), 1991）をもとに作成された図を平田大二「日本列島20億年 謎解きの旅」（神奈川県立生命の星・地球博物館 自然科学のとびら, 16(2), 2010）から転載）

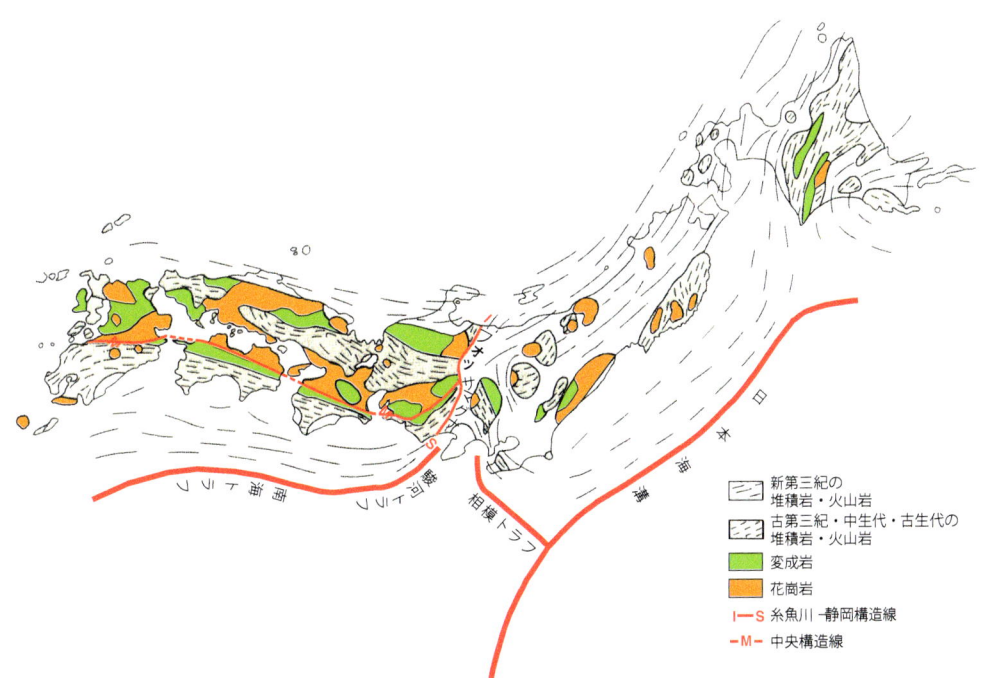

◆3 日本列島における花崗岩の分布（貝塚爽平・鎮西清高編『日本の自然2 日本の山』岩波書店, 1986から作成）

が付加したのは，中生代白亜紀から第三紀にかけてである．年代にすると，7000万年前から2000万年前ということになる．なお，丹沢山地と伊豆半島は付加体ではなく，伊豆-小笠原弧の北端にあたり，今の伊豆大島のような日本列島の南方にあった火山性の陸塊が，フィリピン海プレートの動きにのって北上し，ついに日本列島に衝突してその一部になったというものである．丹沢山地が衝突したのは約600万年前，伊豆半島の衝突は100万年前と推定されている．

花崗岩は石英を多く含むマグマが地下深くでゆっくり冷えて固まったもので，大陸地殻をつくる代表的な岩石である．西日本を中心に列島の1割あまりの地域に分布している（◆3）．

●山の植生と垂直分布帯

日本列島は亜熱帯から亜寒帯（冷帯）までの気候領域に広がっており，それぞれの気候条件に応じて，亜熱帯林，暖温帯林，冷温帯林，亜寒帯林が成立している．各森林帯の分布の移り変わりは，北方にいくほど気温が低下することに基づいているが，山地でも標高が高くなるにつれて気温が低下するので，ここでも気温に応じた植生帯の変化が生じる（◆4）．

丘陵帯は山麓帯ともよばれ，カシやシイの類，クスノキ，タブノキ，ヤブツバキなどの常緑広葉樹林（照葉樹林）からなる．中部日本では海抜800mくらいまでを占める．ただ古くから開発が進んだため，現在では，都市や耕地，あるいは里山の雑木林になっているところが多く，本来の照葉樹林はもうわずかしかみられなくなっている．

山地帯はブナやミズナラ，カエデ類などからなる夏緑（落葉）広葉樹林帯で，代表的な樹木であるブナの名前をとってブナ帯とよぶこともある．中部日本では海抜800～1600mくらいの標高を占める．ブナ林も戦後，次々に伐採され，現在比較的まとまって残っているのは，飯豊山地，鳥海山，白神山地，白馬山麓，石鎚山，九州山地などわずかになってしまった．山地帯では沢沿いにサワグルミやシオジ，カツラ，トチノキなどが分布し，岩角地（岩場，岩塊斜面など）にはネズコやヒメコマツ，キタゴヨウ，ツガなどの針葉樹が生育している．

亜高山帯はシラビソ，オオシラビソ，コメツガ，トウヒなどの針葉樹林を主体とする植生帯で，1600～2500mくらいの高さで優占する．亜高山針葉樹林は四国のシコクシラベが分布の南限で，九州や屋久島には分布しない．岩場や岩塊斜面にコメツガやネズコ，ダケカンバなどが現れる．

飯豊山地や鳥海山，月山など日本海側の多雪山地では，亜高山針葉樹林帯が欠如するという，植生帯上の大きな特色がある．亜高山針葉樹林帯に当たる標高は，草原（お花畑）やササ原，あるいはミヤマナラなどの低木林になっており，高山帯の景観によく似ているために，「偽高山帯」とよばれてきた（◆5）．

亜高山帯の上は高山帯で，両者の境目が森林限界である．高山帯は別名ハイマツ帯とよばれるように，広い範囲でハイマツが優占している．ただハイマツは後で述べるように，極端な強風地や雪が遅くまで残るようなところでは生育できないので，そこにはかわりに風衝地の植物群落や雪田植物群落が現れる（◆6）．これを山頂現象あるいは山頂効果とよび，それによって現れる群落の構成種が高山植物である．

垂直分布帯は南で高く，北にいくほど高度が下がる．たとえば，冷温帯の夏緑広葉樹林の下限は九州では1000m近くにまで上昇する．一方，涼しい北海道では，垂直分布帯は全体として日本アルプスよりおよそ1000mも低下する．森林限界も低くなり，日本アルプスでは2500m付近にあるが，大雪山では1600mで現れる．

［小泉武栄］

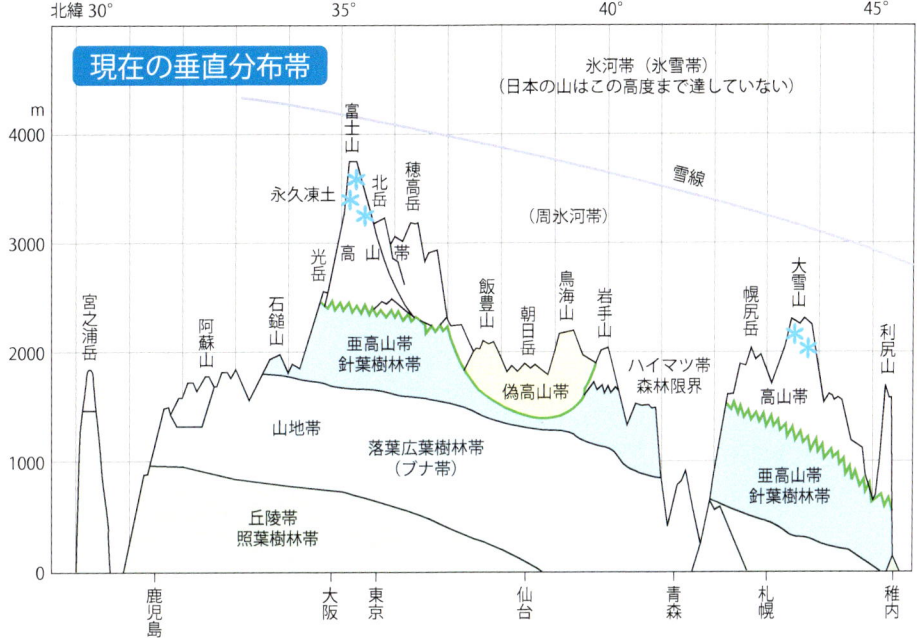

◆ 4　植物の垂直分布帯

◆ 5　偽高山帯の植生景観（飯豊山）

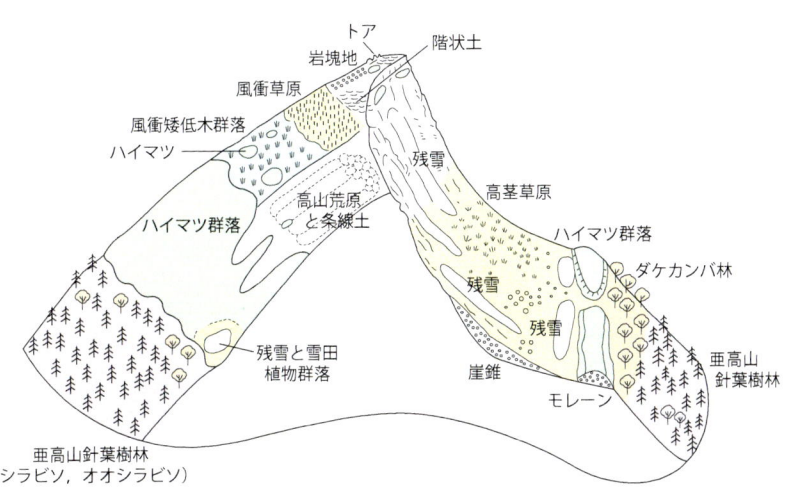

◆ 6　山頂現象のモデル

1 切り崩される火山島
利尻山
りしりざん
北海道/標高 1721 m
北緯 45°10′43″ 東経 141°14′31″

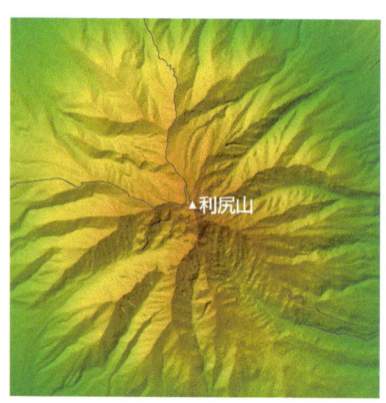

　サロベツ原野の海岸から望む利尻山はのびやかで美しい（◆1）．利尻島全体がひとつの火山であって，深田久弥が『日本百名山』で書きしるしているように「利尻島はそのまま利尻岳」である．リ・シリとはアイヌ語で「高い島」の意味といわれ，海に浮かぶ火山島の姿をみごとに言い表している．

　およそ20万年前に形成が始まった利尻火山は，4万〜3万年前までには現在の高さにまで成長し，海岸まで達する規模の溶岩流を流出させて裾野を広げていった．完新世になっておこった最後の噴火は，仙法志ポン山や鬼脇ポン山などの火砕丘（スコリア丘）や，オタドマリ沼を抱く沼浦湿原のマールのような凹凸地形を山麓部に残した．いずれもなめらかなカーブを描く裾野のアクセントとなっている（◆1）．

　海の向こうに遠く望む優美な姿とはうらはらに，間近に望む利尻山の素顔は険悪そのものだ．もろい地質からなる成層火山の宿命で，高さの増加とともに山は激しい侵食作用にさらされてきた．山頂を中心として放射状に発達する谷は深くえぐられ，稜線には侵食から取り残された岩脈や岩頸が鋸の歯のように尖って天を突き，人を寄せ付けない（◆2, 3）．尾根筋はもろく危険なため，一般登山者は鴛泊か沓形からのいずれかの登山道をたどるしかない．

　急峻な谷壁から落石や雪崩によって谷底に供給されるおびただしい土砂が，雪どけや大雨で発生する土石流によって押し流され，山麓部に島の面積の6割を占める広大な扇状地を形成した．利尻山の雄大さと美しさを演出しているのが，この広大な火山麓扇状地とそれをおおう森林である．山から流れ下った水は麓の扇状地で伏流し，利尻の川で水をみることはほとんどない．湧水は扇状地の末端にあたる海岸近くに集中し，海底での湧水も方々で知られている．河口部で流水があるのは，すぐ上流の湧水を水源とする何本かの小河川だけである．

　土石流となって一気に吐き出される土砂の多くは，扇状地をおおううっそうとした森林で食い止められるが，一部は流出して海を濁し漁業被害を出すこともめずらしくない．名産の利尻コンブはなめらかな岩の表面に着生するので，海水の混濁はコンブの大敵である．またコンブをえさにするウニの漁獲にも影響が出る．集落や道路の防災はもちろん，魚付き林の育成，海の環境の保全をも意識した治山事業が行われており，地形図には雄忠志内川やアフトロマナイ川，スサントマリ沢などにはおびただしい数の堰堤記号がみえる．林野庁の資料によれば，島の南東のヤムナイ沢では，既存の64基の堰堤（床固工）に加え，さらに30基が，またアフトロマナイ川でも既設の51基に加え17基が建設中である（◆4）．

北海道

利尻山

◆1　サロベツからみた冬の利尻山　雪で白くみえる部分は標高約500 m以高で，この付近が森林限界．同時にこの標高は火山の本体と，扇状地や新期溶岩流の境界でもある．左側山麓の突起は寄生火山の鬼脇ポン山と仙法師ポン山（左端）．

◆2　南からみた利尻山頂部　侵食作用は山頂部に及び，岩脈，岩頸が突出した鋭い岩稜が連なる．左の岩塔がローソク岩，その右奥（低くみえる）が北峰（1719 m），さらに右が南峰（1721 m）．右側はマオヤニ沢（手前）とヤムナイ沢（奥）源頭．

◆3　鬼脇稜からみたヤムナイ沢のU字谷　利尻の谷はどれも深く崩壊が激しい．この谷にはかつて氷河があったことが確認されている．画面右上に仙法志ポン山，左上に鬼脇ポン山がみえる．鬼脇稜に登山道があった1977年に撮影．

◆4　ヤムナイ沢の砂防　最も土砂流出の激しい谷で，床固工，砂防堰堤94基が造られている．陸地の保全は海の環境保全にもつながる．

成層火山が激しい侵食作用によって姿を変えていくのは自然の営みであるが，規模こそ違え，利尻ではもうひとつの侵食の問題に直面している．それが登山道の荒廃である（◆5）．「日本百名山」ブームは日本最北の名山を見逃すはずがない．急増してきた登山者数は，利尻山では毎年1万人前後に達している．その多くが6月下旬から2週間あまりの高山植物の開花期に集中する．さらに山頂往復に10時間あまりを要するので入山時間が午前5時前後に集中することになり，そのため登り下りの登山者が交錯する山頂付近は大混雑となる．その結果，八合目から上の登山道は溝状に深くえぐられ，登山者がすれ違う際におこる植生の踏みつけで裸地が横に広がっている．開花期が短い高山植物の山で，ギリギリ日帰り可能の高山という特殊な条件が，利尻山頂付近に大きな負荷をかけている．大がかりな修復作業が行われてはいるが，破壊と修復のイタチごっこの感がある．利尻山北峰に置かれていた二等三角点は柱石が失われ，傾いた盤石だけになっている．これも登山者の増加による踏みつけと無関係ではない．国土地理院では「標石が亡失すると（地形図に三角点を）表示しない」ので，今の地形図に三角点の標記はない．また利尻山の最高点は1721mの南峰であるが，崩壊が激しく危険なことと植生の回復のため，北峰から南峰へ向かう道にはロープが張られ，立ち入りが禁止されているので，一般登山者が利尻山頂に立つことはできない．し尿の問題は携帯トイレの使用が一般化し，一定の効果をあげている．しかし登山道への負荷は，登山者のマナーの問題ではなく，数の問題である．入山者数の制限が実施されるのも時間の問題かもしれない．

　花好きの登山者を利尻山に引き寄せているのが豊富な高山植物（◆6）である．固有種のリシリヒナゲシをはじめ，リシリリンドウ，リシリブシ，リシリオウギなどリシリを冠した名の植物も多い．利尻山では森林限界が500〜700mと低く，高山帯の高度差が1000m以上にも及んでいる．このような山は，わが国では富士山と利尻山だけである．利尻山は海上の独立峰だから風あたりが強く，森林限界あたりには針葉樹のみごとな偏形樹もみられる（◆7）．低い森林限界は多雪と強風のたまものでもある．しかし森林限界以高でも数mの樹高のダケカンバ，ナナカマド，ミヤマハンノキなどの低木林やササ原が広がり，景観的にはむしろ東北地方の「偽高山帯」と同じで，本物の高山帯のお花畑は九合目より上である．島の南部では完新世の火山活動で溶岩が海岸まで達したため，海抜400m程度の低い標高にハイマツが分布しており，海岸でも溶岩の上に生育する高山植物をみることができる．

　利尻山北峰の祠には船のスクリューがいくつも奉納されていて，航海安全，大漁祈願などの文字が刻まれている．また島を一周すると神社が多いことに気づく．その数38社．いずれも拝殿が利尻山を背にして建っているので，参拝者は鳥居ごしに利尻山を仰ぎみることになる．人々は山を見上げて風を読み海に出る．災害も恵みももたらす山は，海に向かって暮らす人の心のよりどころでもある．

［下川和夫］

北海道 利尻山

◆5 登山道の荒廃　鴛泊コース九合目．踏みつけで広がった登山道がトビウシナイ川の谷頭侵食で食い破られていく．崩壊が登山道に達して危険な状態だ．左手前に白い土留めの土嚢．雲の向こうが長官山．

◆6 利尻山の高山植物　エゾツツジ（上）とイワギキョウ．

◆7 森林限界付近の旗型偏形樹　鴛泊コース標高450m．「ヒカタ」で生じたエゾマツの偏形樹．南西の風を利尻では「ヒカタ」という．海の向こうに礼文島がみえる．

2 北海道の大屋根
大雪山
たいせつざん（だいせつざん）
北海道/2291 m
北緯 43°39′49″ 東経 142°51′15″（旭岳）

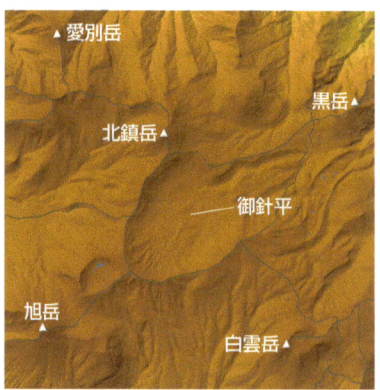

　上川盆地から東を望むと，大雪山・トムラウシ山・十勝連峰が一望できる．その中で，時間を超越したかのように白い頂をみせる山が大雪山だ（◆1）．

　大雪山の名付け親は，明治に活躍した小説家の松原岩五郎である．1899 年に発刊された『日本名勝地誌』（第九編・北海道之部）にはじめてその名称を記した．遅くまで雪を残し，いち早く雪をいただく大雪山の姿と，その雪が果たしている自然の営み・恵みを考えると，この大雪山という名称もなかなか意味が深い．

　大雪山は，北海道の中央部に位置する南北約 64 km，東西約 63 km の大雪山系に含まれる．この山系は，標高，地質，地形，地史などの特徴によって，北部（黒岳以南，白雲岳・旭岳以北，大雪山の主要部），中部（高根ケ原以南，トムラウシ山・銀杏ケ原まで）（◆2），南部（十勝連峰），東部（武利岳，武華山，石狩連山，ニペソツ山，ニシクマネシリ岳など），北限部（平山，ニセイカウシュペ山）に細分されている（佐藤，2007）．

　現在，この山系のほとんどが大雪山国立公園に指定されている（1934 年）．公園の面積は約 22 万 7000 ヘクタール，甲子園球場なら約 5 万 9000 個がゆうに入る日本最大の国立公園（陸域）である．北海道に存在する 2000 m 以上の山は 28 座あるが，このうち日高山脈の幌尻岳（2053 m）を除く 27 座がこの国立公園内にある．

　大雪山は地理的にどの範囲をいうのか明確な区分はないが，これまでの呼び名の使われ方から判断すると大雪山系の北部と忠別岳以北の中部を，また，大雪火山として取り扱うときは，北部の東西 12 km，南北 8 km に限定することが多い．

　大雪山の中心部は，御鉢平とよばれる直径 2 km のカルデラと，それをとりまく円形に配列された標高 2000 m 前後の十数座の火山である．最高峰は，国土地理院の標高改定（2008 年公表）でこれまでより 1 m 高くなった旭岳（2291 m）である（◆3）．はじめて大雪山を訪れる人の中に，大雪山はどの山かとたずねるケースがままあるというが，名称はこれらの火山の総称である．

　大雪山は第四紀の火山群で，およそ 100 万年の歴史をもつ．その基盤は，日高山脈を形成する中生代の地層と，新第三紀（鮮新世）に噴出した安山岩溶岩および繰り返し広く堆積した火砕流である．この基盤を直接みられるところは少ないが，黒岳沢を含めていくつかの露頭から，およそ標高 1200 m 程度にまで達していることがわかっている．この基盤をおおうように，高根ケ原にみられるような粘性が低く流動性の高い安山岩が噴出し，広い溶岩台地を形成した．

　大雪山の発達段階は，3 つのステージに分けて考えられている（和田，2006）．ステージ 1 は，

北海道

大雪山

◆1 緑岳（松浦岳）からみた後旭岳と熊ケ岳（右） 雪田が多様な植物分布をつくる．

◆2 大雪山系中部を代表するトムラウシ山と銀杏ケ原 大雪火山と十勝火山をつなぐ火山．

◆3 大雪山の主峰旭岳 水蒸気爆発で南西に開いた爆裂火口（地獄谷）と手前の池は爆裂火口に水が溜まってできたもの（鏡池）．

主に溶岩の活動による火山群の形成段階で，活動時期は約100万〜5万年前である．この時期に形成された火山は，永山岳や愛別岳を含む安足間（あんたろま）火山群，白雲岳や赤岳の火山群，凌雲岳や黒岳などの溶岩ドーム群である．

ステージ2は，火砕流噴出による御鉢平カルデラの形成段階で，活動時期は約3万年前である（◆4）．御鉢平にあった中央火口丘が大爆発し，大量の軽石やスコリア，高温の火山灰を噴出した．その量はおよそ6 km³（東京ドーム約4800杯分）にもおよび，そのため噴出後は山体が陥没し大きなカルデラになった．現在，御鉢平をのぞくと火口底に白色の小高い膨らみがみえるが，これは火山灰が水中を静かに沈降してできた堆積岩で（向井，1997），かつてこのカルデラに満々と水をたたえた大きな湖があったことを示している．この湖の水は，カルデラ壁の侵食・決壊によって流出し，現在，その跡は赤石川の源流となって残っている．

カルデラから吐き出された降下軽石やスコリアは山上の窪地を埋め立て，現在の北海平や雲の平を形成した．また，高温の火山灰を含む火砕流は，北東，南西，西方に流下して堆積し，自らの熱で固まって溶結凝灰岩となった．その後，ゆっくりと冷却して現在の層雲峡，天人峡，ピウケナイ川の柱状節理を形成した．とりわけ北東に流れた火砕流は，古い石狩川を200 mもの厚さで埋め立て，上流部に大きな湖（古大雪湖，現在はない）をつくりあげた．堆積した溶結凝灰岩は，再び石狩川によって1万年以上かけて削り直され，現在の渓谷ができた．

ステージ3は，旭岳など新期火山群の形成段階で，活動時期は約2万年前から現在までである．旭岳や熊ヶ岳，後旭岳，御蔵沢（みくらさわ）溶岩が形成された．旭岳はすり鉢を伏せた形の成層火山だったが，いまから600〜500年前の水蒸気爆発により，山頂西側の山体が馬蹄形に吹き飛んだ．そこは地獄谷とよばれ，斜面にできた噴気口ではいまも活発に噴気活動が続いている．

大雪山の大きな特徴は，このダイナミックな火山地形だが，もう一つ大きな特徴がある．広い高山帯だ．広さはもう誰もが認める大雪山の形容詞だが，しかし，大きい・高い・険しいとよばれる山はたくさんあっても，広いとよばれる山はほとんどない．大雪山の水平に広がるこの広さは，下からうかがうことはできず大雪山に登ってみなければわからない．白雲岳の山頂に立ち，眼下のトムラウシ山に向かって延々十数 kmにわたってのびる高根ヶ原を目の当たりにして，はじめてそのことを実感できる（◆6）．

この広さをつくりだした要因は，初期の活動でつくりだされた溶岩台地にあるが，それに魅力を付け加えたのが絶妙の標高である．1500〜1600 mにある森林限界のわずか上に，この広大な高原ができたことが大雪山の命運を決めた．アイヌの人たちはこの"山上の平地"を"ヌタプ"とよんだ（◆6）．そして，そこにカムイミンタラ（神々の遊び場）を見いだした．そこは世界的にみてもめずらしい冬季の強風と多雪がつくりだす多様なお花畑であり（◆7），高層湿原である．永久凍土が存在し，多様な地表の文様である構造土が存在する"シベリアの飛び地"である．

これだけ変化に富み，多様な装置を備えた大きな自然は，日本では他にない．大雪山はみるほどにたくさんの謎が出てくる山である．

心配なことがある．それは高山帯を支え生物多様性のよりどころになっている，大雪山の森林帯である．人為的行為により，急速にこの森の原形が失われている．気候変動の影響が懸念されているいま，この森林帯の果たしている役割はきわめて重要である．心すべきである．　　　　［寺島一男］

北海道

大雪山

◆4 御鉢平のカルデラ　ここから噴出した火砕流が，層雲峡・天人峡の渓谷美をつくる．

◆5 大規模な地すべりで形成された高根ヶ原の急崖　急斜面の草原と下部の沼群はヒグマの楽園．

◆6 アイヌの人たちがよんだ"山上の平地"「ヌタプ」，五色ヶ原から沼ノ原山・ニペソツ山（右）

◆7 チョウノスケソウ（緑岳鞍部）

15

3 溶岩円頂丘の山
トムラウシ山
とむらうしやま
北海道/標高 2141 m
北緯 43°31′38″東経 142°50′56″

　トムラウシ山は，大雪-十勝火山列のほぼ中央に位置し，多くの溶岩円頂丘からなる火山である．火山活動は，100万〜70万年前の旧期と30万〜20万年前以降の新期に区分される．最新の活動を完新世とする見方もあるが証拠は得られていない．山名は明治時代にトムラウシ川の源頭に位置することからつけられたもので，その意味は難解とされるが，tonra-ush-i「トンラ（一種の水草）・が生えている・もの（川）」との説がある．

　登山口からの長い森林帯をぬけコマドリ沢に入ると，チシマノキンバイソウ，エゾウサギギク，ヨツバシオガマ，ダイセツトリカブト（大雪山系固有種，◆1）などの高茎草本の高山植物が現れる．沢を出て岩塊斜面を横切り高度を増すと，背丈の低いハイマツと地面にはりつくように生育するイワウメ，コケモモ，ミネズオウ，ウラシマツツジなどの高山植物がいりまじる植生となる．これは，ここが風のため雪が飛ばされる風衝斜面であることを物語っている．トムラウシ山の高山帯にはこのような風衝地に特有の植物群落が多い．

　標高 1780 m のケルンのある尾根を過ぎると，巨大な岩塊の堆積した斜面が現れる．これまでの岩塊は，旧期の火山活動で噴出した溶岩が破砕されたものだが，ここの岩塊は，新期の火山活動によって噴出した溶岩流の固結した表皮が破壊されてできたもので，自破砕溶岩といわれる．積み重なった岩塊の隙間を棲家にする動物がいる．エゾナキウサギだ（◆2）．エゾナキウサギはユーラシア大陸東部に広く分布するキタナキウサギの一亜種で，わが国では大雪山系や日高山脈など北海道中軸部の山岳地帯に生息する．雄雌とも鳴くが，ピチッピチッピチッと連続音を発するのは雄だ．大雪山系の標高 2100 m 付近の年平均気温は −5℃ ほどで，1〜2月の月平均気温は −20℃ にもなるが，彼らは冬眠せずにたくわえた植物で長く厳しい冬をのりきる．

　岩塊斜面を乗り越えると，トムラウシ山が正面に迫り，奇岩の数々に眼を奪われる．この光景は，30万年前以降の活動によって出現したものである（◆3）．まず現在のトムラウシ本峰を形づくる「トムラウシ溶岩円頂丘」が形成され，本峰から噴出した「南沼溶岩」が本峰の西側をトムラウシ公園まで流れ下った．そして，山頂部で水蒸気爆発がおき，爆裂火口をつくるとともに岩屑流がトムラウシ公園に流れ，山をつくった．最後に，山頂の南西にある 1898 m 峰付近から噴出した「公園溶岩」が東へ流下した．これが足元の溶岩流である．つまり奇岩の多くは，溶岩流がつくりだしたオブジェである（◆4）．ただしトムラウシ公園にある小山のような岩塊などは，水蒸気爆発により山頂部が崩れ落ちたものである．

　トムラウシ山の高山帯には寒冷気候下でつくられる地形がある．北沼の水位が下がると構造土が姿を現し（◆5），近くの砂礫地では構造土の一種の階状土が，さらにその北の標高 1860〜2000 m の岩塊斜面ではソリフラクションローブがみられる．

［川辺百樹］

◆1 **ダイセツトリカブト** トムラウシ山など大雪山系の限られた地域に分布し，森林限界近くの沢筋や高山帯の風背斜面など雪の溜まる湿潤なところに生育する．

◆2 **エゾナキウサギ** 多くの溶岩円頂丘と溶岩流からなるトムラウシ山は，エゾナキウサギの一大生息地となっている．

◆3 **標高1810mの公園溶岩流上からみたトムラウシ山本峰** 頂上は中央の尖がりではなく左にある．雪渓の左の高まりが南沼溶岩流の末端部．右下の小山のような岩塊は，山頂の水蒸気爆発により流れ下ってきたもの．

◆4 **奥のごつごつした岩塊は南沼野営地との分岐地点近くでみられる南沼溶岩流のスパイン** 手前は階状土．

◆5 **水位が下がると現れる北沼の構造土** 水位の高いときも水底をじっくり見るとうかがいしることができる．

4 火山と強風の山
十勝岳
とかちだけ
北海道/標高 2077 m
北緯43°25′05″東経142°41′11″

　ジャガイモの白い花がうねり小麦の黄色い穂が波打つ美瑛の丘は，いまや年間数十万人の観光客が訪れる人気の景勝地だ．彩りの大地とともにこの風景に欠かせないポイントが，その背後にそびえる十勝連峰である（◆1）．

　丘陵の東端にある標高750 mの白金模範牧場に立つと，美瑛川の上流部をはさんで標高1600～2000 mのこの山並みが手にとるように目に入る．胸元に悠々と白い噴煙を上げる前十勝を抱え，中央にひときわ高くそびえる山が主峰の十勝岳（標高2077 m，◆2）である．山頂を形成する溶岩ドームが，無骨な山容を端正で優美な姿に変えている．主峰を基準に右手（南方向）に上ホロカメットク山，三峰山，富良野岳（◆3），前富良野岳が，左手（北方向）に美瑛岳，美瑛富士，辺別岳，オプタテシケ山（◆4）が連なる．

　十勝火山群は，主列のこれらの山々と東に位置する従列の下ホロカメットク山，大麓山を含めて，十数座の成層火山（十勝岳を除く）からなっている．これらの成層火山は，玄武岩～安山岩～デイサイト質で，厚さ50～100 mの溶岩流と火砕物を主とした，比高500～1200 mの火山体である．

　十勝火山群を概観して気がつくことは，火山列が北東-南西方向に一列に並び，火口のある開析面がすべて西側を向いていることである．それはあたかも長椅子の背と座の境に火口が並んでいるかのようにもみえる．その配列を理解するには，現存する十勝火山群の下に隠されている，古い時代のカルデラのひもときが必要なようだ．

　もう一つ気がつくことは，主列の山々（美瑛富士を除く）が，東西でその姿を対照的にすることである．西側は山容が直線ないしは凹形の曲線を描くのに対し，東側は凸形の曲線を描く．開析面の位置にも関係しているが，違う要素も加わっている．噴火の際，火口から地表を流れ下る噴出物はすべて西側に向かうが，火山灰などの粉砕された噴出物（火砕物）は，風の影響を受けてほとんど東側に向かうからである．この違いは十勝連峰の裏側（東側）を観察するとよりはっきりする．

　十勝火山群はその北で，トムラウシ火山群，大雪火山群と直結している．これらの火山群を含む北海道の中央部は，いまから約300万年も前から火山活動が続く，日本でも最大規模の火山地域である（中川，2007）．この地域になぜたくさんの火山が密集したのか，そのひもときには北海道の生い立ちが関係している．

　現在の十勝火山群が姿を現す前，この場所を中心にいまから約150万～120万年前，複数回にわたって大規模な噴火がおきた．この巨大噴火によって吐き出された流紋岩質の十勝火砕流堆積物（十勝溶結凝灰岩類）は，十勝火山群の周囲に厚く分布するとともに，北は上川盆地，南は十勝平野，

北海道 十勝岳

◆1 火口をほぼ西側に向けて一列に並ぶ十勝岳連峰

◆2 富良野岳から十勝岳本峰

◆3 富良野岳 十勝岳連峰で早い時期に形成されたため，山体の開析が進んでいる．

◆4 天を突くようにそびえるオプタテシケ山 十勝岳連峰北端の山．

一部は石狩平野の北部にも達した．面積にして1600 km^2，総噴出量は500 km^{3}をゆうにこえていたと見積もられている．美瑛の丘もこの火砕流堆積物である．

　現在の十勝岳火山群は，いまから約20万～4万年前の噴火活動によって骨格がつくられた．古期には富良野岳，大麓山，中期にはオプタテシケ山，上ホロカメットク山，十勝岳，美瑛岳，三峰山などが形成された．いずれも出現時期に応じて侵食が進んでいる．最も古くに形成された富良野岳は，"花の名山"として全国にその名が知られる（◆5）．それは植生の広がる期間が長いことに加えて，十勝連峰南西端の風上側にあって頻繁に活動する十勝岳の影響が少ないことや，風向に対する絶妙な角度，起伏と変化に富んだ微地形が影響していると考えられる．

　最も新しい美瑛富士（1888 m）と鋸岳（のこぎりだけ）（1980 m）は，最近1万年以内にはじまった小規模な玄武岩から安山岩マグマの噴火活動によって形成された（宇井・勝井，2007）．そのため美瑛富士は侵食の影響をほとんど受けておらず，新鮮な山体を保っている（◆6）．

　十勝岳を最も有名にしているのは，活火山としていまもなお盛んに繰り返している噴火活動である．活動の状態が比較的よく把握されるようになった約3500年前以降をみても，溶岩流を出す噴火が繰り返しおこっており，約3500年前と約2200年前には山麓に達する大規模な火砕流が発生している．歴史的噴火でもここ150年間に1857，1887，1926（～28），1962，1988（～89）年の5回の噴火を記録している（◆7）．とりわけ1926年（大正15年）5月の噴火は，大規模な泥流を発生させ，上富良野を中心に死者・行方不明者144人，建物372棟，家畜68頭のほか山林・耕地に大きな被害を与えた．

　十勝岳の噴火様式は，ストロンボリ-ブルカノ式であることが多く，その中心部は山頂の北西側にあるグラウンド火口（直径700～800 m，標高1800～1900 m）である．火口は北側に開き，火口底は後の噴出物で半ば埋まり，西側は失われている．このグラウンド火口の周辺には近接あるいは重なるようにして，その後の活動によって生まれたすり鉢火口（直径300～400 m），北向（きたむき）火口（直径200 m），大正火口，昭和火口，62-II火口（直径200 m）がある．標高930 mの望岳台から十勝岳山頂にいたる登山道を登ってグラウンド火口を通ると，密集する火口や火砕丘，吹き上げられた軽石やスコリア，火山弾などが観察できる．

　十勝連峰の自然を考えるとき，火山とともに大きな特徴をもたらすものに冬季の風がある．大雪山から十勝岳連峰にいたる中央部は，風速20～30 mの風が常時襲う強風地帯である．1979年12月～80年1月の厳冬期，石北峠から石狩連山，トムラウシ山，十勝連峰の富良野岳まで20日間かけて縦走したことがある．期間中悪天候が続いて強風に見舞われたが，なかでも美瑛富士の山頂直下では45 kgの荷を背負った体重65 kgのメンバーが軽々と宙に浮いた．十勝連峰では風食ノッチや荒原植生，偏形樹など，強風による特異な地形や植生が観察できる（◆8）．上ホロカメットク山の安政火口周辺に広がる広大なハイマツや，泥流（1926年）跡地の植生回復なども，十勝岳の自然環境を物語るホットポイントとして注目したい．

［寺島一男］

◆5 ミヤマアヅマギクとエゾルリソウ（富良野岳）

◆6 初夏の美瑛富士と美瑛岳（右）
美瑛富士は最後に形成されたため新鮮な山体が残る．

◆7 水蒸気爆発によって大きく開いた旧噴火口
安政火口と名前が付いているが安政年間の爆発ではない．推定数百年～2000年前の水蒸気爆発の跡．

◆8 森林限界付近のアカエゾマツ（美瑛富士）．冬季の"十勝おろし"のため偏形樹になっている．樹皮がはがされているのは風に運ばれた雪片が当たるため．

5 暑寒別岳

多雪環境がつくりだしたヒグマの棲家

しょかんべつだけ
北海道/標高 1492 m
北緯 43°42′57″東経 141°31′23″

　暑寒別岳は，札幌の北約 70 km に位置する増毛山地の主峰で，主に第四紀に噴出した安山岩質溶岩で構成されている（佐藤ほか，1964）．全体的になだらかな山容をみせているが，暑寒別岳に源を発する暑寒別川や恵岱別川などは，深い谷を刻んでいる．

　増毛山地は，日本海に面しているため，冬季には多くの降雪がもたらされる．暑寒別岳の北北東約 25 km の沿岸部に位置する留萌では，冬季の降雪量が 6 m をこえることもある．したがって，山間部では，さらにそれを上回る降雪量が推定される．このような多雪環境は，地形形成や動植物の分布に影響を与え，特徴的な山岳景観をつくりあげる．特に冬季卓越風に対して風下側となる東向き斜面では，多量の積雪がもたらされ，夏でも多くの残雪がみられる（◆1）．このような多積雪環境下では，高木の侵入やハイマツ群落の拡大が阻害されるため，東斜面の森林限界は標高 1200 m 以下にまで押し下げられている．また，ハイマツ群落の分布は，稜線付近に限られている．そして，その間の斜面は，高茎草本群落やチシマザサ群落，湿原植生によって占められ，最後まで残雪が存在するところでは，裸地（砂礫地）となる．特に湿原植生にとって，水分供給源としての残雪の役割は重要である．一方，西向き斜面では，標高 1300 m 付近まで森林限界が上昇しており，ミヤマハンノキやウラジロナナカマドなどの灌木帯を介して山稜部付近のハイマツ群落へと移行している．稜線の近くには風衝地も存在するが，その面積は小さい．このことから，山頂部付近も冬季にはある程度の積雪におおわれるものとみられる．

　暑寒別岳への一般登山ルートとして，日本海側の増毛から直接山頂を目指すものと，東側の雨竜町から南暑寒岳（標高 1296 m）を経由するものがある．このうち東側からのルート上には，2005（平成 17）年にラムサール条約に基づく国際保護湿原として登録された雨竜沼湿原が広がる（◆2）．雨竜沼湿原は，玄武岩質溶岩の台地上，標高 850 m 付近に形成された面積 100 ヘクタールあまりの高層湿原である．湿原の周囲は，南暑寒岳と恵岱別岳（標高 1060 m），群馬岳（標高 970 m）に囲まれている．もともとここには凹地が存在しており，湿原は，この凹地にあった湖沼を起源としている．今から約 1 万年前に泥炭の堆積が始まり，現在までに厚さ 2～3 m の泥炭層が形成されている（守田，1985；宮城ほか，1987）．

　南暑寒岳から暑寒別岳へは，チシマザサ群落や灌木帯の中を進んでいくが，いたるところでヒグマの糞や掘返し跡を見かける（◆3, 4）．北海道の山でもこれほどのヒグマの痕跡をみることはめずらしい．この辺りを訪れる登山者が少ないということもあろうが，ヒグマが身を隠すためのチシマザサ群落や灌木帯が続き，しかもえさとなる高茎草本を伴った湿原が広がる環境は，ヒグマにとって快適な棲家なのかもしれない．これも多雪環境がつくりだしたものといえよう．　　　　　　［髙橋伸幸］

◆1　初夏の暑寒別岳東斜面

◆2　雨竜沼湿原　遠景は暑寒別岳（右手奥）と南暑寒岳（左手）．

◆3　暑寒別岳から南暑寒岳（左手）へいたる山稜付近

◆4　ヒグマの糞と堀跡

6 氷河地形に彩られた日高山脈の最高峰

幌尻岳
ぽろしりだけ
北海道/標高 2052 m
北緯 42°43′10″東経 142°40′58″

トッタベツ岳
とったべつだけ
北海道/標高 1959 m
北緯 42°44′19″東経 142°41′42″

　幌尻（ポロシリ）はアイヌ語では大きな（ポロ）山（シリ）である．日高山脈の最高峰（2052 m）であるが，アイヌ民族からすれば最高峰という意識はなく，ただただ大きな山，親のような畏怖すべき山であったろう（◆1）．そして幌尻岳のすぐ北にあって，対照的に尖った頂きを十勝の空に突きあげているのがトッタベツ岳（1959 m）だ．

　どちらの山も，日高山脈にかつて存在した氷河のつくるカールや，氷河が岩屑を押し出して末端や縁辺につくったモレーンとよばれる堤防状の地形がよく発達している（◆2）．こうした地形や，氷河の運んだ堆積物を手掛かりに，地質学者や地形学者は，氷河がどこまで拡大していたかを調査するのである．

　1950年代には，北海道大学地質学講座の湊正雄，橋本誠二の両教授による研究が行われ，日高山脈の氷河地形は2回の氷期につくられたことが明らかにされた．古い氷期はポロシリ氷期，新しい氷期はトッタベツ氷期と名づけられたから，この2つの山名は，日本の氷期を代表する名称になったのである．ポロシリ氷期は，ヨーロッパで認められていた4回の氷期のうち最後から2番目に古いリス氷期に，トッタベツ氷期は，最後のヴュルム氷期に対応するとされた．

　だが，ほんとうにそうだろうか？　疑問をもった私（小野）は，東京から夜行列車と青函連絡船を乗り継いで，初めて幌尻岳に向かった．1970（昭和45）年7月のことである．私の大学の先生であった橋本亘教授以下，大学院生と学部生あわせて8名というメンバーであった．フレナイ（振内）営林署の管理する幌尻山荘に1泊．翌日は，いよいよ幌尻岳山頂を目指しての急な登りである．みんなすっかりばててしまい，山頂にたどりついたのは，もう3時近かった．山頂の下に広がる七つ沼カール（◆3）の底に向って，ひたすら下降し，テントを張り，カレーをつくって，食べ始めようと携帯ラジオのスイッチを入れた途端，飛び込んできたのは「日高のカムイエクウチカウシで，キャンパー3人がヒグマに襲われて死んだ」という衝撃的なニュースであった．

　学部生は青ざめている．天候が崩れたこともあって，翌朝，ひとまず十勝側へ，トッタベツ川沿いに下ることを決定．雨のなか，ヒグマの恐怖におびえながらの撤退であった．しかし，わざわざ東京から来て，何も調査せずに帰るわけにはいかない．院生と橋本教授だけで，翌日トッタベツ川を遡行し直し，カールの下方にテントを張ったが，天気はますます悪化し，Aカールの調査と，本流ぞいの高い場所に氷河に関連しそうな古い堆積物があるのを確認するのが精一杯であった．

　それから，5年間，毎年のように幌尻岳とトッタベツ岳に通った．カールのなかは，ヒグマのなわばりである．そのなかでテントを張り，調査するのだから，つねに緊張の連続であった．トッタ

北海道 ポロシリ（幌尻）岳・トッタベツ岳

◆1 新千歳-女満別便のジェット機の窓から見た幌尻岳（中央上）とトッタベツ岳（奥） 手前は北トッタベツ岳（1912m）で，北側にある2つのカールが手前に見えている．（2005年9月9日 小野有五撮影）

◆2 北トッタベツ岳から見たトッタベツ岳と幌尻岳 2つのカールから流れだした氷河が合流して，カールの下方に舌を出したように垂れ下がっていたときにできたモレーンが正面によく見える．（1973年9月26日 小野有五撮影）

◆3 七つ沼カール（小泉武栄撮影）

25

ベツ岳Bカールのなかで，一晩中テントのまわりをヒグマにうろつかれ，死を覚悟したこともある．

そんな辛い調査であったが，当時，東京都立大学（現・首都大学東京）の院生だった平川一臣さんとの調査では，トッタベツ氷期の堆積物から，支笏湖のそばにそびえる恵庭火山から飛んできた火山灰を発見することができ，氷河拡大が1万8000年前ごろであったことを証明することができた．また，ポロシリ氷期のものと考えた堆積物がその直下にあって，その間に大きなギャップが認められないことから，ポロシリ氷期は最後の氷期の前半である，という仮説もほぼ確認できたのである．

幌尻岳には，七つ沼カールのほかに，北カール，東カールの3つの大きなカールがある．北カールはヌカビラ（額平）川の源流にあたり，氷河で丸く磨かれた岩盤もある大きなカールだ．ここからのトッタベツ岳は，カールのない西側斜面を見せ，秋にはハイマツの緑と，森林限界をつくるダケカンバの黄葉のコントラストが美しい（◆4）．

東カールは最大のカールであり，山頂直下のカール壁が崩れてできた大量の岩屑が，永久凍土によってゆっくりと流動してできた岩石氷河で埋まっている．氷河が拡大したポロシリ氷期には，東カールと七つ沼カールの氷河は完全につながり，1つの大きな氷河になってニイカップ（新冠）川の谷に流れ込んでいた．だが，最後のトッタベツ氷期には，広いカールの一部しか氷河におおわれなかったのである．

幌尻岳とトッタベツ岳の氷河地形は，その後，平川さんやさらに若い人たちによって詳しい調査が行われ，ポロシリ氷期の年代や，それよりさらに古い時期に，氷河がもっと広がっていたことも明らかにされた．だが，日高山脈の地形をつくった氷河のすべてを明らかにするには，これまでの何倍もの調査が必要であろう．山は，その謎に挑戦する若者たちをじっと待っているのである．

日高山脈といえば，まずは氷河地形だが，日高山脈は実は高山植物の宝庫でもあって，お花畑にもすばらしいものがある．

幌尻岳北カールは文字通り北に開いているので，南に向かう稜線の左側にはずっとお花畑が続く．赤紫のエゾツツジ（◆5）の他，ハクサンイチゲやイワブクロ，エゾウサギギク，フタマタタンポポ，ミヤマアズマギクなどさまざまの植物が現れる．これは風背斜面に生じた広葉草原で，稜線から数十m下まで色とりどりの花におおわれるのはみごととしかいいようがない．幌尻岳の山頂が近づく頃から，お花畑は姿を消し，代わりにハイマツが目立つようになってきた．この状態は山頂を経てトッタベツ岳の先まで続く．ハイマツの下には岩塊斜面があり，岩塊斜面がハイマツの分布を支える条件となっていることがわかる．この岩塊斜面は，日高山脈の主稜部をつくる日高変成岩類が氷期に凍結破砕作用を受けて大きく割れてつくり出したもので，岩塊には板状のものが多い．

七つ沼カールの北にあるトッタベツ岳は，かんらん岩という超塩基性岩からなり，アポイ岳や夕張岳とともに，特殊な植物を多産することで有名である．稜線伝いに行くと，カトウハコベやナンブイヌナズナ，ユキバヒゴタイなどといったかんらん岩地特有の植物が次々に現れる（◆6）．トッタベツ岳の西斜面はかんらん岩の岩塊が集積してみごとな岩塊斜面を形成しており（◆7），その下限は1500mくらいまで低下している．その上はハイマツ群落におおわれており，結果的に著しいハイマツ群落の低下が生じている．これも一見の価値があるものである．［小野有五・小泉武栄］

◆**4 トッタベツ岳西斜面の植生** ハイマツ帯の直下に黄色くなったダケカンバが森林限界をつくる．日高山脈独特の植生分布が典型的にみられる．(1973年9月28日 小野有五撮影)

◆5 エゾツツジ（小泉武栄撮影）　　◆6 ユキバヒゴタイ（小泉武栄撮影）

◆**7 トッタベツ岳の岩塊斜面**（小泉武栄撮影）

北海道

ポロシリ（幌尻）岳・トッタベツ岳

7 八甲田山

8つの峰々と散在する湿原

はっこうださん
青森県/標高 1585 m
北緯 40°39′32″ 東経 140°52′38″（大岳）

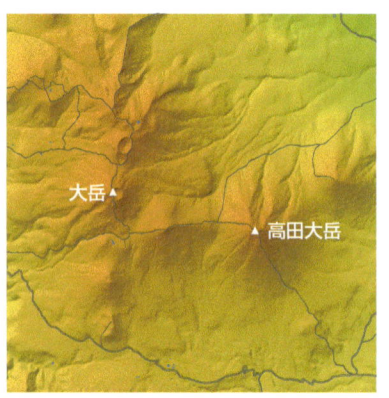

　八甲田山は，"8つ"と表現される多くの成層火山からなりたつ奥羽山脈北端の火山群で，大岳を主峰とする北八甲田火山群と，櫛ケ峰（1416 m）を主峰とする南八甲田火山群とに分かれる．青森から八甲田山をこえて十和田湖に向かう国道103号線が，ちょうど2つの火山群の境界にあたる．単に八甲田山というときは北八甲田火山群を指すことも多い（◆1, 2）．北八甲田火山群は，65万年前と40万年前の巨大噴火によって形成されたカルデラの南半分が，16万年前以降の噴火活動で埋められる形で形成されており，一方，南八甲田火山群はカルデラの外に位置し，2回目のカルデラ噴火よりも前にすでに噴火活動を終えていたという（工藤ほか，2006）．北八甲田火山群の活動は，大岳山頂のマグマ噴火や水蒸気噴火が完新世まで続き（工藤ほか，2003），大岳南西側中腹の地獄沼では，600年，500年前ごろにも水蒸気噴火があった（工藤ほか，2000）．地獄沼には今も熱湯がわき，硫黄臭がたちこめる．周囲は低木林のままで，主な高木は先駆的な性格の強いダケカンバである（◆3）．また，ハイマツ，コケモモ，ガンコウランなど，標高900 mのこのあたりにしてはめずらしい高山帯の種が生育している．こうした植生は，隣接する東北大学植物園八甲田山分園で観察することができる．ここは1929年に東北大学八甲田山植物実験所とその附属植物園として創設され，八甲田山をフィールドにした植物生態学の研究と，戦前では日本唯一の生態学の専門誌だった「生態学研究」（1935年創刊）の刊行によって，日本の生態学の発展に大きな足跡を残してきたところである．

　青森から103号線をたどって八甲田山に向かうと，標高550 m付近からブナ林の中の道となり，やがて，昔から八甲田登山の拠点となってきた酸ケ湯温泉につく．ここから大岳をめざして10分も歩くと，ダケカンバが枯れて白骨林の状態になったところに出る．上記地獄沼のすぐ上にあたる場所で，不定期的に火山ガスが噴出し，含まれている硫黄ガス（硫化水素や二酸化硫黄）がせっかく成長したダケカンバを枯らしたものであろう．ガスは人にも危険で，2010年には，この付近で硫黄ガスが原因とみられる死者まで出た．

　標高約950 mのこのあたりで植生はブナ林からオオシラビソ（アオモリトドマツ）林にかわり，その中を1200 m付近まで登ると，硫黄ガスの噴出で通常の植生は成立できず，地面が白くむきだしになった谷に出る．さらにその先のオオシラビソ林を抜けると，仙人田（仙人岱）の湿原に着く．八甲田清水と称する清水が湧く憩いの場所であるが，湿原は荒れ果てて見る影もない．直接の原因は登山者の踏みつけで，特に，群れでおしよせ，通路からあふれでてしまう団体登山者の踏みつけは深刻であった．この湿原には本州では唯一，ここだけに分布するヒメワタスゲ（◆4）があるが，

東北　八甲田山

◆1　**北八甲田火山群**　中央部の山群は手前から大岳，井戸岳，赤倉岳．左に田茂萢岳，右に小岳，高田大岳（右端の山）．大岳と小岳の鞍部の手前に硫黄岳．

◆2　**睡蓮沼からみた北八甲田火山群の硫黄岳（左），大岳（中），小岳（右）**　睡蓮沼は八甲田越えの国道103号線の最高点笠松峠を十和田湖にこえたところにある湖沼群．

◆3　地獄沼

◆4　ヒメワタスゲ

存続は今やほぼ絶望的である.

　仙人田から大岳に向かうと，すぐ先に雪田が現れる．大きな雪の吹き溜まりで，年によっては7月末まで雪が残り，湿原とはまた違う，特有の草原が形成されている．ヒナザクラの群れ咲く様子が印象的であるが，この種は八甲田山が分布北限である（◆5）.

　ふたたびオオシラビソ林の中を登っていくと，約1400mの高度で突然森林を抜け，大きく視界が開ける．森林限界である．これより上には低木のハイマツや，地表に張り付くように生育する矮低木のコケモモ，ミネズオウ，コメバツガザクラ，ガンコウラン，草本植物のミヤマキンバイ，ミヤマオダマキ，ホソバノイワベンケイなどがつくる高山帯の植生が広がっている．このあたりから南を見おろすと，稜線を境にして植生が左右にくっきりと分かれた峰がみえる．硫黄岳である（◆6）．東向き斜面（左側）は西から吹く冬期季節風に対して影になるので風が弱まり，風にのって空中や地表を運ばれてきた雪はそこに落ちつくことになる．そのために東向き斜面に偏って積雪が多くなり，そこではオオシラビソ林の成立が阻まれ，替わってミヤマナラ低木林やチシマザサ群落，部分的には雪田の草原になる．八甲田山では，同様の非対称的な植生分布が各所にみられる（Yoshioka and Kaneko, 1963）．硫黄岳のむこうにみえる山々は南八甲田火山群である．

　大岳山頂から北を望むと井戸岳（標高1537 m），その背後に赤倉岳（1548 m）がせまり，左手に田茂萢岳（1326 m）がみえる．田茂萢岳山頂にはロープウェイが通じていて，山頂付近の湿原の観察や赤倉岳・井戸岳への登山が容易にできる．大岳と井戸岳との鞍部から西側に下ると毛無岱の湿原に出る．毛無岱は上毛無岱，下毛無岱の2段の湿原に分かれており，上毛無岱から下毛無岱に降りていく斜面の下に"神の田"とよばれる池塘群がある（◆7）．毛無岱の湿原は主にヌマガヤ，ショウジョウスゲ，ワタスゲなどの草原で，ミズゴケは少ないが，神の田周辺には厚い泥炭層をもつミズゴケ湿原がよく発達する．しかし池塘の底は火山灰で，泥炭ではないことがわかっている（吉井・林，1935）．この火山灰層は湿原全体の基盤をなすもので，その上に泥炭が集積し，湿原が発達していく過程で，火山灰の上にできた当初からの水たまりは泥炭の集積から取り残され，池として残ったものである．この点，泥炭層の表面に形成される高層湿原の池塘とは性格が異なる.

　往時の八甲田山では放牧がさかんで，みごとなシバ草地が広がる放牧地がいくつもあった．青森から八甲田山へ向かう途中に，シナノキなどの樹木が点々と生えているシバ草地がある．萱野平とよばれるここは，かつての放牧地の景観を伝える貴重な例である（◆8）．放牧地に限らず，山にウシやウマを解き放す放牧も行われていた．1960年代初頭でも，山の中でそのような家畜に出あって驚くことがあったが，もちろん今はない．

［菊池多賀夫］

◆ 5 **ヒナザクラ** 雪が遅くまで残る雪田の中心部に分布する.

◆ 6 **硫黄岳の植生** 西向き斜面（右）にはオオシラビソ林，雪の多い東向き斜面（左）にはチシマザサ群落，ミヤマナラ低木林，雪田草原などが分布する．遠景の山は南八甲田火山群で右が櫛ケ峰，左は乗鞍岳.

東北

八甲田山

◆ 7 **下毛無岱の湿原と"神の田"の池塘群**

◆ 8 **萱野平の放牧地植生** シバ草地にシナノキなどの樹木が散在．現在は人工的に管理されているが，かつての放牧地の景観をよく伝えている.

8 岩塊斜面が森林帯を押し下げる
早池峰山
はやちねさん
岩手県/標高 1917 m
北緯 39°33′31″ 東経 141°29′19″

　北上山地といえば，ゆるやかな山々がどこまでも連なる高原的なイメージが浮かぶが，早池峰山はそこからひときわ突出する北上山地の最高峰である（◆1）．この山は蛇紋岩や斑れい岩などの硬い岩石でできているので，削り残された山とされているが，隆起の中心がそこにあったために高くなった可能性がある．2000 m に近い高度は貴重で，高山植物やハイマツ群落がみられる高山帯は北上山地で最も広い．そこにハヤチネウスユキソウ（◆2）やカトウハコベ，ナンブイヌナズナ，ナンブトウウチソウ，ヒメコザクラなどの高山植物が生育している．ウスユキソウの仲間は蛇紋岩地特有の植物とされているが，まずはそれが生育すべき広い高山帯が必要である．ちなみに南側の薬師岳（1645 m）は花崗岩の山で，山頂付近まで森林におおわれている．

　最もポピュラーな小田越からの登山コースを登る．アオモリトドマツの森林のなかの道をたどると，しばらくして森林限界に飛び出す．そこからは背の低いコメツガやハイマツになり，急に視界が開ける．足もとは直径 2～3 m もあるような粗大な岩塊に変化する（◆3）．そのような岩塊が磊々と堆積する斜面を「岩塊斜面」という．岩塊斜面の上部には，岩壁や岩塔（トア）もみられる．岩塊はそうした岩盤から剥がれて移動し，斜面に堆積したものである．

　ここの森林限界を通過するコース沿いの地形と植生の断面図をみてみよう（◆4）．森林限界は，岩塊斜面が終わる末端部に位置している．粗大な岩塊の上には，アオモリトドマツ（オオシラビソ）は生育できず，ハイマツやコメツガの低木ならばかろうじて育つことができるようだ．そのため，岩塊斜面が低位置にまで分布すれば，それだけ森林帯を押し下げ，高山帯が広くなるというわけだ（◆5）．

　早池峰山は岩塊斜面と森林限界の関係が典型的にみられる山のひとつで，森林限界の最も低いところで標高 1200 m くらいまで下っている．すぐ南側にある薬師岳（標高 1645 m）では山頂付近まで森林におおわれており，高山帯はほとんどない．薬師岳には目立った岩塊斜面がないためだろう．

　早池峰山に分布する特筆すべき樹木にアカエゾマツがある．早池峰山の北側斜面のアイオン沢には，1948 年の台風によってひきおこされた大規模な崩壊地がある．崩壊地は今も爪あとを残しているが，その付近で北海道より北方に分布するアカエゾマツが本州でも確認された（◆6）．アカエゾマツは岩塊地や湿原，火山のような立地条件が悪いところに育つことが知られている．アイオン沢では 1948 年以前にも崩壊と土石流が発生しており，森林総合研究所の杉田久志さんは，そうした不安定な立地条件によって，ここのアカエゾマツが存続していると考察している．［清水長正］

◆1 新雪の早池峰山

◆2 ハヤチネウスユキソウ

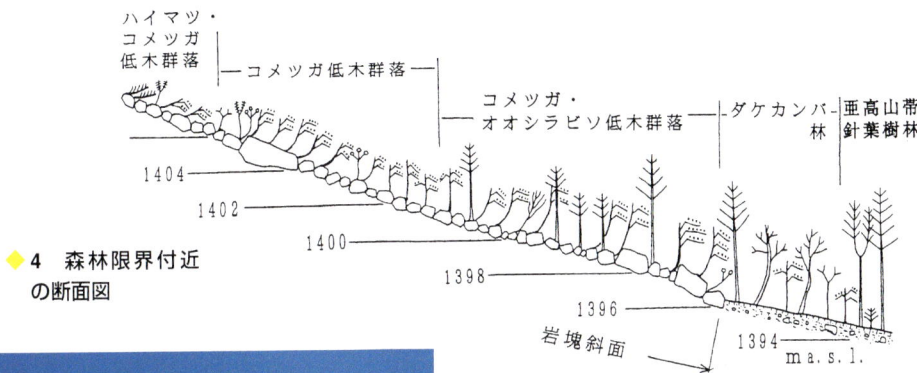

◆4 森林限界付近の断面図

◆3 岩塊斜面

◆5 岩塊斜面と森林限界　濃緑の部分が亜高山帯針葉樹林.

◆6 早池峰山北側のアイオン沢のアカエゾマツ

東北

早池峰山

9 岩手山

植生分布に刻まれた火山活動の影響

いわてさん
岩手県/標高 2038 m
北緯 39°51′09″東経 141°00′04″

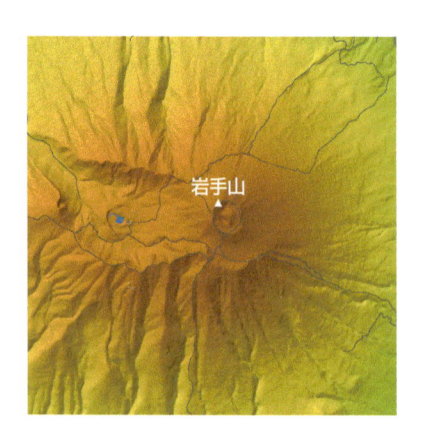

　岩手山は岩手県盛岡市の北西 30 km に位置する成層火山で，裾野を長くひいたその秀麗な山容から地元の信仰を集め，啄木の歌をとおしてふるさとの山の代表格として全国に知られている．岩手山の周辺には 25 個以上の成層火山が東西約 13 km にわたって配列され，岩手火山群を形成している．その活動の場は西から東へと移動し，いちばん東側の位置で最後に噴出したのが岩手山である．岩手山のなかでも新旧の 2 つの山体がみられ，古い西岩手火山の肩に新しい東岩手火山がのっている．西岩手火山では侵食谷が発達して険しい山容を呈しているが，東岩手火山のうち薬師岳火山はみごとな富士山型で侵食谷が存在せず，溶岩堤防などの微細な地形も残されている．このような西と東の対照的な山容から，岩手山は「南部片富士」と称されている（◆1）．

　岩手火山はその形成過程で，玄武岩や安山岩質の溶岩と火山砕屑物を噴出して山体を成長させるとともに，大規模な山体崩壊を繰り返した．山麓をおおう岩屑なだれ堆積物の研究から，少なくとも 7 回の山体崩壊があったことが確認されており（土井，2000），日本国内の成層火山としては最多である．西岩手火山は約 30 万年前に活動を始め，大型の成層火山に成長したが，山体崩壊を起こして南，南東，東，北東などの山麓に岩屑なだれを流した．小岩井農場一帯のゆるやかにうねった牧歌的な地形は，約 12 万年前の山体崩壊により形成されたものである．その後頂部に西岩手カルデラができ（◆2），そのなかに御苗代などの中央火口丘が形成された．

　およそ 3 万年前から東岩手火山が活動を開始したが，2 回の山体崩壊を起こし，特に約 6000 年前の岩屑なだれ堆積物は北東側の山麓を広くおおっている．八幡平市の大更付近に多数散在する塚状の小山はこの際に形成された流れ山である．その崩壊で生じた馬蹄形カルデラ（東岩手カルデラ）を埋めるように中央火口丘（薬師岳）ができて，活動休止期をはさみながら玄武岩質の溶岩流やスコリアを噴出し，大きな円錐形の山体を形成した．有史時代に入ってから活動が活発化し，1686 年（貞享年間），1732 年（享保年間），1919（大正 8）年に噴火が記録され，さらにそれ以前の 915～1686 年の間に 2 回の噴火があったことが噴出物から明らかにされている．また 1934～35 年，1959～74 年，最近では 1998～2004 年に火山性地震や地熱・噴気活動活発化があったが，噴火にはいたらなかった．

　以上のような活発な火山活動は植生に大きな影響を及ぼしている．そのなかでも 1686 年の噴火は薬師岳山頂の火口からスコリアを激しく噴出し，火砕サージ，融雪型火山泥流も発生させた．住居が流され，耕地が埋没するなど甚大な被害をもたらした．この大噴火は，320 年あまりを経た現在でもなお植生景観に影響を残している．その際噴出したスコリアは西風の影響のため東側に偏り，

◆1 **滝沢村（南東側）からの岩手山** 侵食谷の発達した西岩手火山とそれがない東岩手火山の対照から「南部片富士」とよばれている．

◆2 **北西側からの岩手山** 西岩手火山の頂部が失われてカルデラが形成されている．その東（左）側に東岩手火山がのっている．

◆3 **大更（北東側）からの岩手山** 1686年噴火の影響のため東面の森林の発達が悪く，森林限界が著しく低下している．

東北

岩手山

特に山頂から東北東の方向に大量に降下したが，この斜面では森林の発達が非常に悪い（◆3）．

　岩手山の森林の垂直分布は，下からミズナラ林，ブナ林，（一部にコメツガ林），オオシラビソ林（◆4），ハイマツ群落，火山荒原の順に配列している．オオシラビソ林の上限が森林限界となり，その高度は通常1600〜1700m程度であるが，東面では森林限界が著しく低下し，最も低いところでは1100mまで下がっている．その森林限界の上には火山荒原が広がり，コマクサやミネヤナギがスコリアの上に群落を形成している（◆5）．その下方の森林もオオシラビソ林，コメツガ林ではなくダケカンバ林が広がっている．東面〜北東面の1200m付近では，同一の標高域でみると，スコリア降下量の増加に伴ってオオシラビソ・コメツガ林→ダケカンバ林→ミヤマハンノキ群落→火山荒原へと推移する系列がみられる（◆6）．火山噴出物の堆積状態を調査したところ，多くの場合，噴火時に降下・堆積したそのままの状態ではなく，その後に土石流によって二次的に移動したものであることが判明し，降下量の多いところほどその傾向が強かった．また樹齢調査から，オオシラビソ，コメツガの定着が噴火直後から数十年後の比較的早い時期から始まったのに対し，ダケカンバやミヤマハンノキの定着開始はそれよりも著しく遅れる傾向がみられた．多量のスコリアが降下したところでは，その後の二次移動が長期間にわたり持続したことが樹木の定着を制限したのであろう．地表が安定化していないところでは，いまだに火山荒原のままとなっている．

　1732年の噴火では，北東面の山腹に開いた5個の火口から焼走り溶岩流が噴出した．原形がよく保たれていることから特別天然記念物に指定されている．噴出後280年たっているにもかかわらず，まだコケ類や草本がわずかにみられるだけの状況である（◆7）．ほぼ同時期の1783年に流出した浅間山の鬼押し出し溶岩と比較しても植生の回復が遅く，なぜこんなに遅いのか，よくわかっていない．

［杉田久志］

◆ 4 オオシラビソ林　　◆ 5 火山荒原

東北

岩手山

◆ 6 東面〜北東面の植生景観
1686年噴火でスコリア降下が少なかった北東面（写真右側）ではオオシラビソやコメツガの針葉樹林が発達しているが，降下量の多かった東面（左側）ではダケカンバ林となり，火山荒原が低いところまでみられる．（撮影：山口健太氏）

◆ 7 焼走り溶岩流　1732年に噴出した溶岩流．280年たった現在でも，アカマツが点在するほかは，シモフリゴケのマットやオオイタドリ群落がみられる状態で，植生遷移の進行がきわめて遅い．

10 鳥海山

山頂から麓まで魅力的が詰まった日本海側の雄峰

ちょうかいざん
山形県/標高 2236 m
北緯 39°05′57″ 東経 140°02′56″（新山）

　鳥海山は秋田・山形県境の日本海岸に立つ秀麗な火山である．孤立峰であるため，東北地方で最も豊富な積雪がみられる山の一つとなっている．鳥海山は幾重もの火山噴出物が重なってできた成層火山（◆2）だが，噴火口の位置は時代とともに移動しており，昔の噴火口跡はクレーター状の地形として山体の各所にみられる．御浜小屋から南方をながめると，眼下には旧火口である鳥海湖を，その向こうには南方に開いた西鳥海馬蹄形カルデラをみることができる（◆3）．西鳥海馬蹄形カルデラは十数万年前の山体崩壊でできたものである．鳥海山は溶岩の噴出だけでなく，このような巨大な爆裂火口を形成する山体崩壊を繰り返してきた．約2500年前に北面でおきた巨大山体崩壊は，東鳥海馬蹄形カルデラ（◆1）を形成した．これにより多量の土砂が，山頂から鳥海山の北麓に流下して旧象潟町の平野部に堆積した．このときの土砂に埋もれたスギの年輪から，崩壊発生の正確な年代は紀元前466年と推定されている．象潟，金浦，仁賀保地域の山麓平野に点在する小山は，これらの土砂がつくった泥流丘とよばれる地形である．旧象潟町の泥流丘が多くみられる平野の一帯は九十九島とよばれているが，この一風変わった名前には理由がある．象潟は1804年の地震で隆起するまでは潟という名のとおり，浅い海であった．約2500年前の噴火時に潟湖に流入した土砂は宮城県の松島のような景観をつくりだしたらしい．芭蕉は1684年にこの地を訪れ，小島が点在する象潟に舟を浮かべたことが記録に残されている．

　御浜から山頂にいたる千蛇谷の登山道は約2500年前にできた爆裂火口の底を横断しており，登山者は断崖に現れた鳥海火山の溶岩層をながめることができる．現在の山頂である荒神ケ岳や新山付近の溶岩丘（新山溶岩）は，1801年の噴火によってこの爆裂火口の中に出現したものである．最近では1974年にも噴火した．山頂直下の大物忌神社からの登山道をたどれば，節理が入った新山溶岩の中の狭い割れ目をくぐりぬけて山頂に達することができる（◆4）．

　火山としての男性的な魅力を味わうことができる鳥海山北側の斜面に対して，南側の斜面は，約55万〜16万年前の古い溶岩や山体崩壊の地形からなり，いくぶん丸みを帯びた火山斜面となっている．滝の小屋から坂を登って河原宿に出ると，突然視界が開けていくつもの雪渓と湿原（雪田草原）を抱えた山の姿が現れる（◆5）．鳥海山の山頂部は気温条件のうえでは亜高山帯に属するが，八甲田山や蔵王山のようにオオシラビソを主とする亜高山性針葉樹はみられず，ハイマツや匍匐性の広葉樹と湿原がモザイク状に広がる高山帯的景観となっている（◆5）．冬季に多量の積雪をみる鳥海山では，最終氷期が終わった後も亜高山性針葉樹のオオシラビソが分布できなかったと考えられている．このため，山頂部には積雪をくいとめてくれる森林がなく，冬季の降雪は強風によっ

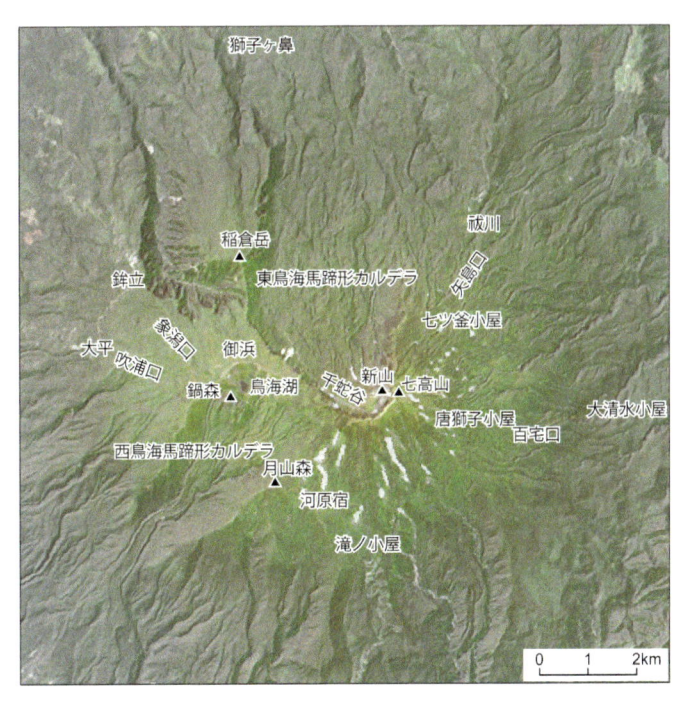

◆1 鳥海山のLANDSAT画像　国土地理院の10mメッシュ標高データによる陰影図を重ねてある.

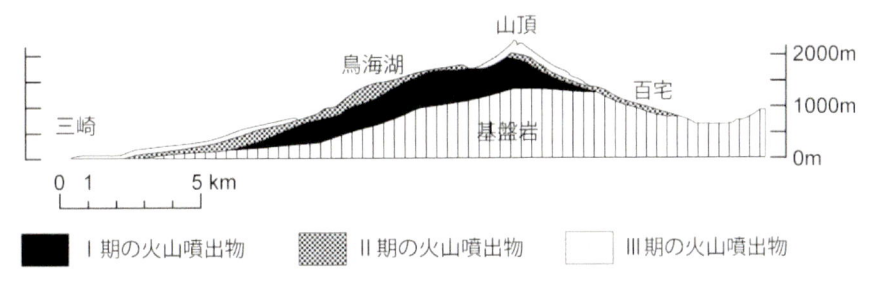

■ Ⅰ期の火山噴出物　▨ Ⅱ期の火山噴出物　□ Ⅲ期の火山噴出物

◆2 鳥海山を東西に切る地質断面図　火山活動期はⅠ期（約55万〜約16万年前），Ⅱ期（約16万〜約2万年前），Ⅲ期（約2万年前以降）に区分される．（林，1999に加筆）

◆3 御浜小屋から見下ろした鳥海湖と西鳥海馬蹄形カルデラ

東北

鳥海山

て放射状の谷を埋めるように堆積し，一部の谷では30 mをこえる積雪がみられる（土屋，1999）．中には次の冬までにとけきらない万年雪（多年性雪渓）も多くあり，南麓の河原宿からは，晩秋でも放射状谷の中で越年する雪渓をみることができる（◆5）．30 mもの多量の積雪があるにもかかわらず，これらの雪渓が大きな氷河にまで成長しないのは，夏の気温が高く融雪量も多いからである．つまり，鳥海山の万年雪（多年性雪渓）は，膨大な収入（積雪量）と支出（融雪量）の差としてのわずかな貯金ともいえるものである．鳥海山をはじめとする日本の山の万年雪の多くは，このような出入りの激しい水収支の結果として残ったものである．

　この山は日本海に面した孤立峰ということもあり，天候のために登山を断念することも多くある．そのようなときには気分を変えて山麓の自然を探索するのはどうだろう．獅子ケ鼻湿原は，山頂の新山から北麓斜面に流出した玄武岩質溶岩の末端部で地下水が湧出する場所にあり，鳥海山の火山活動と豊富な融雪水のたまものともいえる．中島台レクリエーションの森に車を駐め，北に向かって散策路を歩くと，獅子ケ鼻湿原の中の地下水がこんこんとわきだす緑色の池（出壺，◆6）に出会う．池の緑色は澄んだ湧水の下に透けてみえる池底のコケの色である．この付近には丸い岩をおおうコケのマットが，マリモのようにみえることから，鳥海マリモとよばれるものもある．また，獅子ケ鼻湿原の周辺には，"あがりこ"とよばれる，特徴的な樹形をしたブナが多くみられる（◆7）．あがりこは積雪期に雪上に飛び出た幹や枝を刈り取られたブナの切り株で，萌芽が繰り返された結果できた樹形である．近くにはかつての炭焼き窯の跡もみられるが，このようなブナやコナラの萌芽能力をいかすことで持続的に森林資源を利用することができるといわれる．中島台レクリエーションの森の周辺には，このような"あがりこ"が多数みられる．雨天で登山がかなわないときでも山麓の森に踏み込めば，山頂付近の開放的な景色とはひと味違った奥深い自然にふれることができるのも鳥海山の魅力である．

［大丸裕武］

◆ **4 新山溶岩の中をくぐる登山道** 中央の割れ目の中に赤く写るのは登山者.

◆ **5 河原宿からみた鳥海山**

◆ **6 獅子ヶ鼻湿原にみられる湧水（出壺）**

◆ **7 中島台のあがりこ（燭台）**

東北

鳥海山

11 豪雪と強風がつくりだす山の景観
飯豊山
いいでさん
山形県・福島県・新潟県/標高 2105 m
北緯 37°51′17″東経 139°42′26″（飯豊本山）

　飯豊山は1つの山ではなく，主峰・飯豊本山（2105 m）をはじめ，大日岳（2128 m），北股岳（2025 m）など，山形・福島・新潟の3県にまたがる海抜2000 m内外の峰々の連なりを指すことが多い（◆1）．盛夏でもあちこちでみられる残雪とお花畑に彩られるたおやかな山稜（◆2），そして雪崩にみがかれた急峻な山腹斜面（◆3）が，変化ある景観をつくりだしている．日本海からの冬の季節風を直接受けるこの山地では，豪雪と強風が地形や植生にいろいろな影響を与えている．

　冬に吹き抜ける世界有数の強風は，ほぼ南北に連なる飯豊山の主稜線東側に，厚さ20 mをこえるような雪の吹き溜まりをつくる．一方，主稜線付近の風上（風衝）側の斜面では積雪はわずかである．ゴールデンウィークごろ，飯豊山に登るとこのような雪や風で山の侵食が進むのを目の当たりにすることができる（◆4）．中腹の急斜面では，積雪が斜面をずりおちることによって，基盤岩から岩塊が剥がされたり，低木が根こそぎひきぬかれたりして，斜面が侵食されていく．また，森林限界以上の風衝斜面にはところどころに強風砂礫地とよばれる裸地がみられる（◆5）．そこでは11月ごろから凍結していた土層の表層だけがとけて霜どけのようにぬかるんで，降雨や雪どけ水で侵食がおこる．さらに，強風砂礫地の東側の残雪の上に，飛んできた花崗岩の細礫が散らばっていることがある．風による侵食がおこっているのである．

　飯豊山地主稜線の地形的特徴として，西側の傾斜が緩く東側が急な非対称山稜があげられる（◆6）．前者は谷の切れ込みが少なく平滑で上に凸な形の斜面なのに対し，後者は，雪窪とよばれるカール状の凹形斜面か直線的な斜面をなし，形態的にも違っている．このような地形は，わが国の多雪山地や高山でしばしばみられるが，どのようにしてできたのだろうか．先ほど述べたような積雪の移動による侵食は，確かに吹き溜まり側となる東側斜面で大きそうである．しかし，西側斜面のほとんどは植生におおわれ，凍土融解期の侵食や風の侵食（風食）は，現在，風衝砂礫地のあるごく一部に限られる．

　そこで，非対称山稜形成の原因となる侵食が，現在，稜線の両側でどのようにおこっているか調べてみた．烏帽子岳（2018 m）南東側斜面にある傾斜30°弱の雪窪中央部にある残雪砂礫地（◆7）と，飯豊本山の西側斜面上部にある傾斜約10°の強風砂礫地（◆5）で，礫の上に直線状にペンキを塗り，そのラインが約10年間にどの程度移動しているかをみた（檜垣，1990）．その結果，雪窪では積雪の移動はほとんどなく，融雪水の侵食や幅1 mに満たない小さな泥流によって侵食が進んでいることがわかった．しかし，土砂の移動量は年間平均で2.4 cmとわずかであった．また，砂礫地周囲の草本の生育する部分では侵食はほとんどおこっていなかった．一方，強風砂礫地では，冬期に

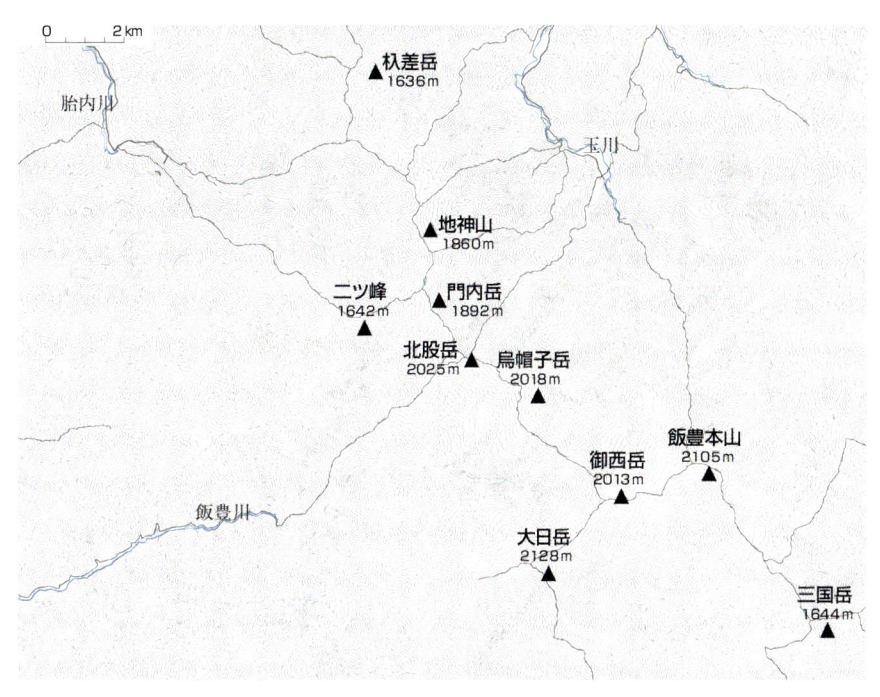

1 飯豊山の主なピーク

2 雪渓（小泉武栄氏提供）

3 雪崩に磨かれた山腹斜面（中央は二ツ峰）

東北

飯豊山

数十cm以上の深さまで凍結し，霜柱によるものも含め凍上がおこり，とける際に地面は沈下する．この繰り返しで斜面表層部の土砂が斜面下方に移動していた．また，雪どけ水や降雨によって侵食がおこっていた．ラインでの移動速度は年平均4.5cmであった．また，この砂礫地とガンコウラン・コケモモなどの矮性低木群落の境界部では，年間3～7cmの速さで風食によって砂礫地が拡大していた．どちらの斜面も，凍土がとける時期に土中水分が多くなり，そこに降雨が当たると侵食が起こりやすい．

非対称山稜の東側斜面は湿性草本群落におおわれているところも多い．先ほどの調査結果からみて，このようなところでは現在の侵食はおこりにくいので，東側斜面を急にする侵食が進んだのは，現在より残雪が多く植被が少ない環境にあったときと考えられる．また，風衝砂礫地でおこっているような砂礫の移動が広く主稜線の西側でおこれば，稜線部の高度が低下することになり上に凸の平滑な斜面ができる．つまり，非対称山稜の概形は，現在より寒冷な気候の時期，すなわち最終氷期につくられたと考えられる．したがって，カール状の地形は氷河による侵食でできた可能性もある．過去に氷河があったかどうかも含めて，飯豊山地は，過去の気候変化と現在の豪雪・強風の気候環境の影響を受けてどのように山の形ができてきたか思いをめぐらせるのに格好の場所である．

飯豊山の植生は，亜高山帯針葉樹林のかわりに現れる偽高山帯の低木やササが優勢だが，植生景観は御西岳付近を境に大きく変化する．

大日岳や，御西岳より北西側の山々ではなだらかな山頂緩斜面が続き，そこでは強風砂礫地を除いて湿性草原が卓越する．ヌマガヤ，ショウジョウスゲ，ニッコウキスゲなどが代表的な植物で，イイデリンドウやヨツバシオガマ（◆8）なども現れ，みごとなお花畑をつくりだす．一方，飯豊本山を中心とする一帯では，花崗岩の岩峰や岩壁が現れ，そこではコメツツジなどの岩隙植物が生育している．しかし，鞍部を中心に現れる砂礫地にはマツムシソウやシモツケなどが分布し，岩礫斜面には不安定な場所を中心にミヤマウスユキソウやガンコウラン，ウラシマツツジ，イワスゲが現れ，乾性のお花畑をつくる．

豪雪と風食は多様な植物種を生じさせ，特に森林限界以上の変化ある景観をつくりだしている．雪窪では，植物は，積雪の断熱効果で寒気から守られ，夏に積雪から解放されるので植物の寒さや凍結への耐性はそれほど必要なく，むしろ短期間に成長・繁殖を進めることが重要となる（菊池，2001）．雪窪の中心部に向かって雪消えが遅くなるので，雪どけの適応性の異なる植物が同心円状に並ぶことになる．反対に，風衝斜面の特に上部では寒さや乾燥への耐性が大きい植物しか生育できない．

風食は，風の流れに平行な細長い裸地をつくりだす．北股岳南斜面の風食によって生じた裸地では，周氷河作用による礫の集積などで表土が安定化すると先駆植物が侵入し，さらに遷移が進んで植物の種類が急速に増えることがわかってきた（小泉ほか，2005）．風食で植被が破壊がされることが，かえって強風地の豊かな植物相を維持する役割を果たしているのである．

山を彩るさまざまな高山植物が，場所や時期を変えて花を咲かせる．それは豪雪と風のしわざといってもよい．

［檜垣大助］

◆ 4 切合から4月末の大日岳を望む　風衝斜面では凍結した裸地が出ているが，東向き斜面はほとんど雪におおわれている．

◆ 5 飯豊本山南東側の強風砂礫地　背後にみえるのは磐梯山．

◆ 6 北俣岳（小泉武栄氏提供）

◆ 7 烏帽子岳南東側の雪窪と残雪砂礫地（8月上旬）

◆ 8 イイデリンドウ（上）とヨツバシオガマ（下）

東北

飯豊山

12 磐梯山
巨大崩壊地内部の植生
ばんだいさん
福島県／標高 1816 m
北緯 37°36′04″ 東経 140°04′20″

　猪苗代湖に北にある磐梯山では，120 年ほど前の 1888（明治 21）年，大規模な山体崩壊が発生し，山体上部に巨大な馬蹄形の窪みをつくった（◆1）．また山麓には崩壊物質が堆積して夥しい数の流れ山を作り出し，その一部が長瀬川をせきとめて，檜原湖など裏磐梯の湖沼群が生まれた．

　筆者は数年前，崩壊によって生じた窪みの内部の植生を観察し，一部では高さ 30 m に達するアカマツの大木が育つまでに植生が回復している（◆2）一方で，シラタマノキやアカモノなどの高山植物が生育している場所のある（◆3）ことに驚かされた．この違いはなぜ生じたのだろうか．

　この問題を大学院生の修士論文のテーマにして調べてもらったところ，いろいろなことがわかってきた．まずこの馬蹄形の崩壊地の内部では，1888 年だけでなく，1954 年にも山頂部が崩壊し，その基部に岩屑が堆積したということである．この崩壊は 1888 年のものに比べれば規模は小さいが，岩屑なだれの堆積物は数百 m 四方にわたって広がっており，比高 10～20 m の流れ山や細長く伸びる凹地をつくっている．堆積物は主に黄土色の火山灰が固まったもので，径 1 m から数 m の岩塊を含みり，1888 年のものとは明らかに異なる．実はシラタマノキなどが生育しているのはこの新しい堆積物の上で，場所によっては高さ 5～8 m，胸高直径 10～20 cm 程度，樹齢 30 年前後のアカマツが疎らに生えはじめており（◆4），ゆっくりと植生遷移が進みつつあることがわかる．

　1888 年の崩壊堆積物はその中に巨大な溶岩の岩塊を含むが，泥が主体となっているため，全体としては植物の生育に適しており，結果として植被の回復は早かった．崩壊後の変化を扱ったさまざまの記事や書物をみても，檜原湖付近など山麓部で，崩壊後ほどなくアカマツの生育が始まったことが書かれており，植被の回復が早かったことがわかる．一方，1954 年の堆積物は，マトリックスに乏しく乾燥していて，1888 年の泥流堆積物と比べると，植物の生育には適していない．シラタマノキなどが広く分布しているのは，こうした土地条件の悪さを反映したものであろう．アカマツが推定樹齢 30 歳前後にもかかわらず，高さが 5～8 m 程度しかないのも同じ理由と考える．

　磐梯山の馬蹄形の崩壊地の内部では，このほかにもおそらく 1954 年の岩屑なだれと同時期に発生したとみられる，巨大な安山岩の岩塊の堆積がある．この岩塊は天狗岩付近の厚い溶岩からなる壁が崩れたものとみられるが，岩塊は大きなものでは家一軒分ほどもあり，それ以外にも直径が 1～2 m から 3～6 m もあるような巨大なものが少なくない．ここにもシラタマノキやドウダンツツジ，ノリウツギ，アカマツの低木などが徐々に侵入しつつある．

　八方台登山口から中ノ湯にかけての山頂に近い一帯に，伐採後，再生したみごとなブナ林が分布している．これは 1888 年の崩壊から免れた部分で，この地域の極相と見なすことができる．ブナ林をみた後，中ノ湯から崩壊地の中に下り，地形や堆積物を観察しつつ，それが植生にどう反映しているかを考えるコースは，ジオツアーとしては第一級のコースといえよう．

［小泉武栄］

東北

磐梯山

◆1 崩壊カルデラの壁
手前の池は銅沼(あかぬま).

◆2 アカマツの大木

◆3 シラタマノキ群落

◆4 1954年の崩壊物質

◆5 崖錐とその植生　カルデラ壁の一部にあたる.

13 会津駒ケ岳

雪積の違いがつくる植生の非対称

あいづこまがたけ
福島県／標高2133m
北緯37°02′51″東経139°21′13″

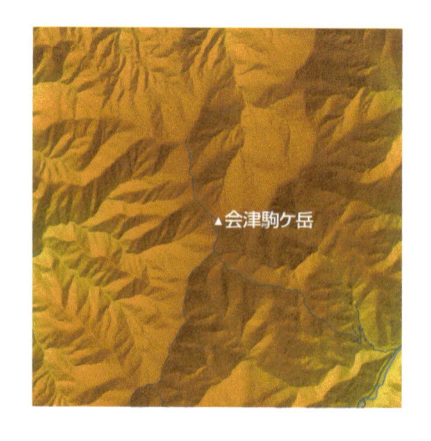

　会津駒ケ岳は，奥会津・檜枝岐村の西部に位置する山である．地質的には足尾帯の粘板岩および花崗岩からなるが，全体になだらかで，帝釈山地側からみると会津駒ケ岳もそれほど目立つ存在ではない（◆1）．

　檜枝岐からの登山道を登ると，標高1100mの登山口からしばらくはブナ・ミズナラ林だが，1700mほどから亜高山帯に入り，オオシラビソの優先する森林となる．やがて1990m付近で駒ケ岳南東側の全容が一望できるところに出る．そこから望む広大でなだらかな斜面は一面ヌマガヤを主とする湿性草原となっており，オオシラビソ林は小さな林分をところどころに形成するのみとなる（◆2）．同様の景観は，駒ケ岳から大戸沢岳あるいは中門岳にいたる稜線の東向き斜面に連続して現れる．一方，西側斜面や北向き斜面ではこうした草原がほとんどみられず，かわって斜面は稜線直下から黒々としたオオシラビソ林におおわれる．この様子は，山頂から駒の小屋に向かって稜線をみおろすとよくわかる（◆3）．このような植生の非対称性が生じる原因は，稜線をはさんだ斜面での雪の積もり方の違いにあると考えられている．すなわち，主稜線から東～南向きの斜面は，冬の北西季節風に対して風背となるため多量の積雪によってオオシラビソが生育できず湿性草原やササ原になってしまうが，西向きおよび北向き斜面は，風衝側に面して雪がそれほど積もらないことから，オオシラビソが積雪に阻害されることなく生育できるからである．

　草原では，イワイチョウやショウジョウスゲ，ヌマガヤなどが優勢で，それより下方にチシマザサ原が現れるが，両者の境界は6月下旬までに雪が消える線におよそ一致する（◆4）．湿性草原は，駒ケ岳から中門岳および三岩岳にいたる主稜線の東側直下に並ぶ雪窪とも分布が重なっており，8月まで残雪が残るところでは，植物が成立できず砂礫地となっている．中門岳には平坦な山頂部に池塘をちりばめた湿原が広がり（◆5），ミズゴケやモウセンゴケ（◆6）が生育している．

　ところで，会津駒ケ岳の景観を特徴づけるこの草原はいつごろ形成されたのであろうか．雪田草原の木道沿いに露出している泥炭層を観察すると，数本の火山灰の白い筋が入っていることがある．このうち最下層のものは約6600年前に妙高山や浅間山の噴火によってもたらされたものであることがわかっている．したがって，雪田草原の形成はこれを少しさかのぼるころから始まったことになり，日本海側多雪山地で多雪環境の整った時期と一致する．さらに会津駒ケ岳では，オオシラビソ林やササ草原でも泥炭層が観察されることがあるという．このことはかつての湿性草原にオオシラビソやササが侵入し，湿性草原が次第に縮小してきたことを物語るものである．このような植生の遷移は，降雪量の変動をはじめとした数百年オーダーでの気候変化と密接に関連しながら生じている可能性が高いと考えられている．

［澤口晋一］

◆ **1　帝釈山地・田代山（1926 m）から望む会津駒ケ岳**（中央左寄りのピーク）

◆ **2　会津駒ケ岳東面**　オオシラビソ林が破綻して湿性草原となっている

◆ **3　山頂付近から駒の小屋方面**

◆ **4　山頂から中門岳へ続く稜線**

◆ **5　山上の池塘**（小泉武栄氏提供）

◆ **6　モウセンゴケ**（小泉武栄氏提供）

東北

会津駒ケ岳

14 平ケ岳

多雪景観を学ぶ野外博物館

ひらがたけ
新潟県・群馬県/標高2141m
北緯37°00′07″東経139°10′15″

　平ケ岳は只見川上流の湯之谷村（現在は魚沼市）鷹ノ巣から下台倉山，台倉山，池ノ岳を経てたどり着く遠い山である（◆1）．往復22 km，約12時間の道のりは，自然景観と雪との密接な関係を観察するのに最適なコースである．

　鷹ノ巣の登山口からしばらく続く道は，キビタキがさえずる，大木のブナの森の中を進む．多雪山地らしく，白い幹のブナばかりが目立つ純林状の森である（◆2）．しかし，下台倉山へと続くやせ尾根上の登山道に出ると風景は一変する（◆3）．雪崩やグライド（積雪が斜面下方にゆっくりと滑動する現象）によって，高木はわずかしかみられず，森のない裸の尾根道が続く．森のかわりに斜面をおおうのは，ミヤマナラやマルバマンサクなど，落葉広葉樹の低木である（◆4）．これらは萌芽能力が強く，雪で枝や幹が折れても新しい枝を出して再生する．しかし，グライドによる雪圧に耐えきれずに樹木が根系ごと引き抜かれることもあり，パッチ状の裸地があちらこちらにできている．また融雪水による侵食が加わってできた直線状の浅いガリー（筋状地形）が斜面を刻んでいるのが観察される．下台倉山からは南北方向の稜線上を進む道となり，稜線をはさむ両斜面の植生のコントラストを目の当たりにできる（◆5）．冬季季節風の風上側にあたる西向き斜面はコメツガ，クロベ，キタゴヨウなどからなる針葉樹林であるのに対し，雪が吹きだまり，雪崩やグライドが起きる東側は，広葉樹の低木がおおう急斜面がはるか下方まで続く．

　台倉山を過ぎると，オオシラビソ，コメツガ，ダケカンバからなる森の中を通り，幅の広いなだらかな尾根上を西へ向かう．植生や地形が雪で痛めつけられた険しい風景が視界から消え，メボソムシクイやアカハラのさえずりが，亜高山帯の森に来たことを教えてくれる．林床は多雪山地に多いササ型で，稈の太いチシマザサが密生する．しばらく進むと森が途絶え，池ノ岳に続く尾根道にさしかかる．道沿いの土壌侵食が著しく，登山道が掘り込まれた場所では，泥炭の分解が進んでできた黒泥とその下の花崗岩風化土層が観察される．侵食は踏みつけによる植生破壊がきっかけと考えられるが，土砂を運び去るのは雨水だけでなく，多量の融雪水の果たす役割が大きいであろう．

　この尾根を登りきると池ノ岳の山頂で，カヤクグリの歌声を聞きながら平ケ岳山頂を見渡すことができる．雪圧や過湿な土壌条件のため，池ノ岳周辺や平ケ岳山頂に向かう登山道沿いのオオシラビソは背が高くなれない．また平坦な斜面では融雪水が排水されにくく，池塘や湿原が形成されている．このあたりには7月に入っても雪が残る場所があり，残雪，雪田草原，ササ草原，針葉樹低木林の順で同心円状に植生が変化するのが観察される（◆1）．

　このはるか遠く静かな山頂で，人知れず変化が起きている．湿原にハイマツやササが侵入し（◆6），湿原が縮小しているというのだ（安田ほか，2007）．原因の一つとして，近年の積雪量の減少の影響が指摘されている．雪と自然景観の関係はダイナミックである．

［高岡貞夫］

◆1 池ノ岳から望む平ヶ岳　白くみえるのは7月下旬の残雪．近景は池ノ岳山頂部の池塘．

◆2 ブナ林をぬける鷹ノ巣からの登山道

◆3 下台倉山へ続くやせ尾根

◆4 ウラジロナナカマド（中央），マルバマンサク（右方），ミヤマナラ（上方）

◆5 下台倉山から台倉山へ向かう尾根　東向き斜面は低木林，西向き斜面は針葉樹林となる．

◆6 湿原に侵入するハイマツ

上信越

平ヶ岳

15 巻機山
まきはたやま

多雪山地の偽高山帯とオオシラビソ林

新潟県・群馬県／1967 m
北緯 36°58′43″東経 138°57′51″

　越後山地～三国山脈には，標高2000 m前後の山が多い．そのような山々の山頂付近は概してなだらかで，灌木やササ（チシマザサ）と，ヌマガヤやショウジョウスゲが優占する草原の広がる景観を目にすることが多い．越後山脈の一角を占める巻機山は，1550 m付近から以高にこのような景観が広がる典型的な山である．

　前述した山頂付近に広がる灌木や草原からなる景観は，偽高山帯とよばれる．北アルプスなどの高山では，標高の低い方から，暖温帯照葉樹林，中間温帯林，冷温帯落葉広葉樹林，亜高山帯針葉樹林といった順に潜在自然植生帯が位置し，オオシラビソなどの亜高山帯針葉樹林上限が森林限界をなしている．高山帯とはこの森林限界以高の高度帯に広がる草原・灌木・裸地などの景観を指す．しかし，巻機山の位置する越後山地から三国山脈にかけての山域では，主としてブナの生育する冷温帯落葉広葉樹林（◆1）の上限が森林限界となっている．それより高所に広がる前述のような景観が高山帯の景観とよく似ることから，偽高山帯の名がつけられているのである．

　偽高山帯の成因については諸説ある．巻機山のような日本海に面する多雪山地（◆2）に多いことから，冬季の大量の積雪が亜高山帯針葉樹林のオオシラビソの生育を妨げるという説．偽高山帯の発達する山々が，標高2000 m前後の山頂高度で，中部～東北日本に多いことから，縄文時代の温暖期に植生帯が全体的に上昇して，山頂から亜高山帯針葉樹林を追い出したとする説．しかし今のところ有力なのは，もっとも新しい氷河時代（最終氷期）が終わって，現在のような温暖期に入り，多雪環境に変わった亜高山帯に，オオシラビソが徐々にその分布を広げていく途中の過程を我々はみているのだ，という説である．確かに，巻機山山頂の南側にはオオシラビソの林が小面積ではあるが分布しているので（◆3），この説にはうなずけるものがある．偽高山帯の成立要因に，現在の環境条件だけではなく，長い自然の歴史の秘密が隠されている可能性があるわけだ．

　巻機山では，他にも自然史の秘密が垣間見える．たとえば，偽高山帯植生の土台をなす黒色泥炭質土壌の下部には，南九州沖海底の鬼界カルデラから噴出したアカホヤ火山灰が堆積している（◆4）ので，そのような土が7000年以上かけて営々とつくられてきたことがわかる．また標高1400 m付近以高では，そのような土壌の下位に角礫層が堆積している．そして井戸尾根登山道の標高1600 m付近では，約1万6000年前に浅間山から噴出した黄色の軽石が，花崗岩礫や風化した基盤をおおって堆積している（◆5）．このような観察事項から，巻機山では，最終氷期最寒冷期（約1万8000年前）やその前後の時代には植生が乏しくなり，地面が凍結と融解を繰り返すことで，土砂が移動し，山頂付近の斜面をなだらかにしたのではないかと考えられている．

［高田将志］

◆1 巻機山でみられる冷温帯落葉広葉樹のブナの林　井戸尾根登山道から北方を望む．

◆2 残雪期（6月上旬）の巻機山　6月上旬でも，まだ，山頂付近にはかなりの雪が残る年がある．山頂近くの御機屋（おはたや）へ登る尾根沿いの登山道が，画面中央〜左手の残雪の間にみえる．

◆3 南方からみた巻機山山頂　ササ草原の中に濃くみえる植生部分がオオシラビソの林．

◆4 巻機山山頂近くの御機屋でみられる泥炭質黒色土壌　ササの下に茶褐色の，その下位には黒色の泥炭質土壌が堆積している．肉眼で確認するのは難しいが，黒色泥炭質土壌の下部には，南九州沖海底の鬼界カルデラから約7300年前に噴出したアカホヤ火山灰が堆積している．

◆5 風化花崗岩礫をおおう浅間草津テフラ（軽石）　1万5000〜1万6500年前ごろ，浅間山の噴火によって降下堆積したことがわかっている．

16 谷川岳
多雪気候に支配された日本を代表する岩峰

たにがわだけ
新潟・群馬県/標高 1977 m
北緯 36°50′14″東経 138°55′48″（オキノ耳）

　群馬県と新潟県の境界を北東-南西に走る谷川連峰は，西部に位置する仙ノ倉山（2026 m）を除いて標高 2000 m 以下であるが，昭和 6（1931）年に上越線の開通によって首都圏からの時間距離が短縮したことにより，多くの登山者に親しまれるようになった．谷川連峰の東寄りに位置する主峰・谷川岳が注目されたのは，特に東面の沢などの切り立つ岩壁が登攀対象とされたので遭難が相次ぎ，単独の山としては世界一の遭難者を出したため，「魔の山」というレッテルが張られるほどになったからである．谷川岳は群馬県側の関越自動車道からもトマノ耳・オキノ耳の突出した双耳峰（◆1）として望まれ，岩登りや沢登りだけでなく，尾根歩きも楽しめる山である．特に谷川岳ロープウェイを利用すれば約 2 時間半で登頂することができる．

　谷川岳の変化に富む地形をつくりだしているのは，世界有数の多雪気候によるところが大きい．清水峠付近の冬路ノ頭（1585 m）での気象観測資料によれば，年平均気温は 2.6℃，11〜3 月の降雪日数は 117 日（77％）であることから，清水峠付近の気温逓減率（0.6〜0.8℃/100 m）から推定すると，それより約 400 m 高い谷川岳山頂付近の年平均気温は −0.6〜0.1℃ となり，降雪量も増えると考えられる．これによって谷川岳の地形は，繰り返される雪崩によって新潟県側に比べて群馬県側が急峻な斜面となる非対称山稜となり，マチガ沢，一ノ倉沢（◆2），幽ノ沢などには激しい侵食によって急峻な岩壁が形成された．山麓・中腹はブナ帯（◆3），稜線付近は明らかな針葉樹林帯を欠く偽高山帯で，山頂付近の新潟県側はチシマザサや高山植物におおわれた平滑な斜面（◆4）である．特に年間を通して強風にさらされているところは植物が生育できず裸地となっており，そこでは現在でも年間数 cm の岩屑移動が生じていることが観測されている．現在よりも気温が数℃低下した約 1 万 8000 年前の最寒冷期には，山頂付近には裸地が広がっており，そこでは凍結・融解作用が繰り返されて岩石が破砕され，岩屑が斜面下方へ移動していたと考えられる（◆5）．現在の稜線付近の平滑斜面は凍結融解作用によって形成された周氷河性斜面であり，貧栄養の蛇紋岩からなる山頂付近は蛇紋岩地特有の高山植生となっている．現在，積雪量の多い東斜面は雪崩地域特有の植生となり，雪崩が繰り返される谷底には越年性の残雪がみられ，U 字形の谷地形や，その下流に散在する擦痕をもつ巨岩塊，谷をふさぐように分布するモレーンの存在から，氷河期には標高の低い谷川岳周辺にも雪崩涵養型の氷河が存在したと考えられるようになった（小疇・高橋，1999）．

[鈴木郁夫]

◆1 西黒尾根上部からのトマノ耳（左側）・オキノ耳（右側）

◆2 一ノ倉沢（2010年8月21日）

◆3 マチガ沢付近の根曲がりしたブナ

◆5 平滑斜面をつくる岩屑層（天神尾根，第一見晴付近）

◆4 肩ノ広場付近の平滑斜面

上信越

谷川岳

17 苗場山

溶岩台地上に発達した高層湿原

なえばさん
新潟県・長野県/標高 2145 m
北緯 36°50′45″東経 138°41′25″

　苗場山（2145 m）は長野県の北東隅にある秋山郷の東にそびえる三国山脈の一峰である．南にゆるやかに傾く広大な山頂をもつ火山で，なだらかな山頂には高層湿原が発達し，オオシラビソの樹林の間に，径数 m から 20 m ほどの池塘が何百も点在している（◆1）．ミズゴケやミヤマホタルイ，ワタスゲ，ヌマガヤ，イワイチョウ，キンコウカ，モウセンゴケなどの湿原植物に囲まれた池塘に，青い空と白い雲が映っている様は，たとえようがないほど美しい．まさに天上の楽園で，このことばがこれほどふさわしい山はめずらしい（◆2）．

　苗場山の名前はいうまでもなく，池塘とそこに生えているミヤマホタルイなどを，苗を植えたばかりのたんぼに見立てたことに由来するが，初めてこの山に登った人たちは，山上に広がる景色にさぞびっくりしたことだろう．高層湿原の広がる台地は，更新世に噴出した何枚かの安山岩溶岩がつくったもので，その広がりは東西 2〜3 km，南北 4 km，面積約 10 km^2 に及んでいる．このなだらかな地形から苗場山は，かつては楯状火山とみなされたこともあった．しかしその後の研究により，実は大きな成層火山で，現在のピークと北にある神楽ケ峰との間にあった山頂が，侵食によって失われたのだと考えられるようになった．台地上を歩いていると，ときどき高さ数 m の崖に出あうが，これは溶岩流の末端の崖である（◆3）．

　山上の高層湿原はどのようにしてできたのだろうか．泥炭の年代測定の結果からみると，湿原ができはじめたのは，4000 年ほど前と意外に新しい．このころに始まった気候の寒冷化とそれに伴う積雪の増加により，雪どけが遅くなって地面がジメジメしはじめ，次第に湿原に移行したもののようである．溶岩流のつくるなだらかな地形に加え，溶岩が水を通さないものであったことも，湿原の形成に大きな役割を果たしたにちがいない．溶岩台地の縁のやや傾斜がある部分では，階段状になった池塘がいくつも連なり，みごとな植生景観をつくっている（◆4）．

　なお，苗場山は別名を幕山とよぶのだそうである．これはこの山が周囲をカーテン状の高い崖に取り囲まれているためで，遠くからその様子に注目すれば，確かに幕山となる．高い崖は地すべりによってできた滑落崖に溶岩の層が現れたものである．この山は上で述べたように安山岩の溶岩が平坦な地形をつくるが，溶岩の層は厚さ 100 m くらいと意外に薄く，その下にはやわらかい泥岩や凝灰岩からなる基盤の第三紀層がある．この地層は，2004 年の新潟県中越地震の際に典型的にみられたように，きわめて地すべりを起こしやすい．苗場山の場合も，基盤の第三紀層が山体の縁の部分で地すべりを起こし滑落したために，上をおおう溶岩の層もいっしょに崩れ落ち，跡に高い崖が現れたものである．地すべり地の中には幅が 1 km をこすような巨大なものもある．　　［小泉武栄］

◆ 1　樹林の中に点在する池塘

◆ 2　地塘と高層湿原

◆ 3　溶岩流の末端と溶岩のかけら　　◆ 4　階段状になった地塘

上信越

苗場山

18 火山と自然の博物館

草津白根山
くさつしらねさん
群馬県/標高 2160 m
北緯 36°38′38″ 東経 138°31′40″

本白根山
もとしらねさん
群馬県/標高 2171 m
北緯 36°37′22″ 東経 138°31′55″

　草津白根火山は，草津白根山（2160 m）と本白根山（2171 m）からなる．この山にはいくつもの火口や火口湖があり，さまざまの火山地形を観察することができる．また多彩な植物群落やめずらしい構造土も観察できる．まさに火山と自然の博物館である．

　草津白根火山の火口である湯釜（◆1）は約 3000 年前にでき，その後，活動を休止して周囲はいったん針葉樹林におおわれた．しかし 1882（明治 15）年に活動を再開し，度重なる噴火によって現在のような荒涼たる風景に囲まれるようになった．湖水は pH1.1 の強酸性で，硫化水素によって岩石が変質して粘土となり，それが水に溶けて青みがかったミルクのような色が生じたという．

　本白根山の火口である涸釜（からがま）もやはり 3000 年くらい前の噴火でできたものである．シャトルバスの終点から山頂に向かってしばし歩くと，森が切れ，突然，大きな火口の縁に出る．これが涸釜である．すり鉢状の火口の中をみると，斜面にはハイマツが生え，底の方に高山植物が分布している（◆2）．これは植生の逆転現象で，冷気が底の方にたまるために生じたと考えられるが，冬の強風の吹き抜けが原因になっている可能性もある．

　涸釜の中を斜めに降りていくと砂礫斜面になり，コマクサに出会うことができる（◆3）．最盛期には斜面はピンクに染まり，多くの人が見物に訪れる．ここでは基盤の凝灰角礫岩が風化して崩れ，ザクザクした不安定な斜面をつくる．このためコマクサの生育が可能になっている．コマクサは山頂部にかけて広く分布するが，かつてはそれほど多くはなかった．地元の人たちが種をまいて増やしたためで，きれいではあるが，ここまでやっていいのかという感じがしないでもない．

　そのまま歩くと，涸釜の反対側の縁に出る．あたりは平坦で，直径 20～30 m の小さな火口がいくつもみえる．この辺りの平坦な礫地の表面をよく観察すると，多角形の模様がみえる（◆4）．これを「構造土」（ふるいわ）といい，表土が凍ったりとけたりを繰り返すうちに，礫が篩分けを受け，模様が生じたものである．極端な低温になったとき，表土は収縮して表面に多角形の割れ目が生じる．そこにまわりから礫が落ち込むことによって，表面の模様ができたと考えられている．

　構造土はもっと大きなものが，やはり火口湖である鏡池でみられる．池の底には直径 1～2 m に達する大型の構造土があって，水面上からも模様がわかる（◆5）．本州では最もみごとな構造土である．池のまわりにはガンコウランなどが分布し，その上方にハイマツがあって，植生の逆転がここでもおこっていることがわかる．

　山頂にはハイマツ群落がみられる．志賀高原で最も広いハイマツ群落である．ここのハイマツは氷河期の生きた化石で，強風の影響で亜高山針葉樹林が成立できないため，厳しい環境でも耐えられるハイマツが生き延びてきたのだと考えられている．

［小泉武栄］

◆ 1　湯釜

◆ 2　涸釜

◆ 3　コマクサ群落

◆ 4　構造土

◆ 5　鏡池の構造土

上信越

草津白根山・本白根山

19 複式火山と中新世海成層からなる非火山との対照

妙高山
みょうこうさん
新潟県/標高 2454 m
北緯 36°53′29″東経 138°06′49″

火打山
ひうちやま
新潟県/標高 2462 m
北緯 36°55′22″東経 138°04′05″

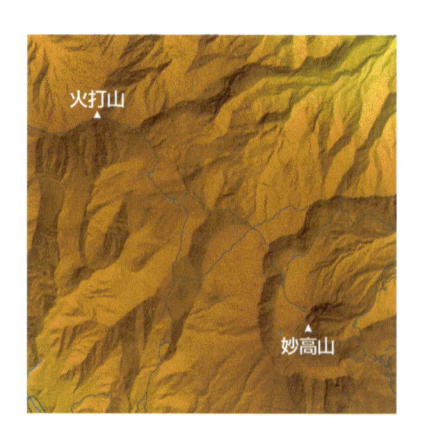

　新潟・長野県境の直江津八王子線（岡山，1953）と呼称される地形構造線沿いには，北から南に妙高山，黒姫山，飯縄山の第四紀火山が並んでいる．妙高山地・西頸城山地は，東端の妙高山から最高峰・火打山や現在も水蒸気を噴出する焼山（2400 m）を経て，西端の糸魚川–静岡構造線近くの雨飾山（1963 m）まで標高2000 mをこえる山々が連続する．この山地の東部には妙高山と焼山の火山が位置し，標高は北部フォッサマグナで最も高い．

　妙高山は越後富士の呼称をもつ成層火山で，高田平野や長野県北部からも望むことができる秀峰である．特に高田平野においては古くから融雪期の雪形が農事暦として活用されるなど住民の尊崇を集めてきた．さらに，1911（明治44）年にオーストリア・ハンガリー帝国のレルヒ少佐が上越市高田金谷山で高田連隊に日本で初めてスキー術を教えたこともあり，妙高山東麓には大正時代からスキー場が開設され，現在では日本を代表するスキーリゾートとなっている．妙高火山は火山の基盤をなす新第三紀層の高度が西部に高く，東部で低いことを反映して，噴出物の多くは東側に分布している．妙高火山は，大きなカルデラの中に中央火口丘をもつ複式火山である（◆1）．

　妙高火山の形成史については，早津の長年に及ぶ詳細な研究によって明らかにされている（たとえば，早津ほか，1994）．それによれば，妙高火山北東麓に多量に残された火砕流，火山泥流・岩屑なだれ堆積物などから，初期の活動は約30万年前ごろ，現在の妙高山頂付近よりもやや北西側で始まったとされ，雷菱火山（茶臼火山あるいは古妙高火山）とよばれている．その後，長い休止期間を経て，新妙高火山は約14万〜11万年前ごろ，神奈山付近で活動し外輪山北部，次いで約8万5000〜6万年前に三田原山付近で活動し外輪山西部を形成し，それぞれ東麓に多量の火砕流を流下させた．そして，約4万3000年前ごろに現在の妙高山頂から数回に及ぶ火砕流を噴出し，約1万9000年前に大規模な山体崩壊を起こしてカルデラが形成された．その後，約6000年前にカルデラ内に粘性の高い溶岩を噴出し，ドーム状の中央火口丘が形成された（◆2）．このように繰り返された火砕流噴出，山体崩壊，土石流によって，南麓〜北東麓に広大な緩斜面，いわゆる妙高高原が形成された（◆3）．したがって，妙高火山は単純な成層火山ではなく，長い活動休止期間をはさみながら，ほぼ同じ位置で数万年間活動を続けた多世代火山であり，噴出物も玄武岩質→安山岩質→デイサイト質へと変化したとされている．妙高山の価値を高めているのは，火山活動に伴って形成された斜面に開かれた広大なスキー場と関・燕・赤倉・池の平など湯量豊かな温泉が多数分布することであり，四季を通じて親しまれている．さらに，茶臼山との間に位置する黒沢池湿原，カルデラ底に残された長助池湿原，大倉谷の惣滝，北地獄谷の称明滝・光明滝，関川に懸かる

◆ 1　妙高パインバレースキー場からの妙高山（3月下旬）

◆ 2　妙高山山頂

◆ 4　苗名滝

◆ 3　妙高山東麓（4月下旬）

上信越

妙高山・火打山

苗名滝（◆4，日本の滝百選に選定）など変化に富んでいるので，何回も登らないと多様な自然を理解することはできない．

　火打山は妙高火山と焼山火山の中間に位置する，妙高山地の最高峰であるが，その名称とは異なり，火山ではない．上述の雷菱火山の活動に伴う安山岩溶岩は火打山山頂の東，雷鳥広場（2320 m）まで認められるが，そこから約 140 m 突出する山頂は，中新世の海成層（泥岩・砂岩）で構成されている（◆5）．ちなみに，本地域は中新世以降の厚い海成層が強く褶曲し，火成岩などの貫入によって隆起しており，中新世の海成層の分布高度としては日本列島で最も高い．火打山が最高峰でありながら妙高山よりも知られていなかったのは，山容を山麓から望むことができるのが高田平野に限られていたからである．

　妙高山が溶岩からなる急傾斜の男性的な山容であるのに対して，火打山は曲線的・女性的な山容からなり，冬季には純白の小さな三角錐となる．火打山に登頂するためには，妙高山から茶臼山（2171 m）を経て縦走するか，笹ケ峰から富士見平，高谷池，天狗の庭を経由するかである．後者のルートは笹ケ峰から黒沢沿いのブナ林を経由する．十二曲りの上部からは岩塊が露出した歩きにくい登山道となるが，植生はオオシラビソの樹林帯に入り，その樹高がやや低くなるころに，富士見平となる．そこから高谷池にかけては，黒沢岳の西斜面を巻くように付けられた登山道沿いの巨岩の間に，南隣の黒姫山ほどではないがヒカリゴケがみられる．樹高の低いオオシラビソ林に囲まれた高谷池（◆6）〜天狗の庭などの湿原は，雷菱火山の溶岩流の窪地，凹地に湛水したもので，妙高山地で最も美しい自然景観といわれる（◆7）．湿原は泥炭層の集積がやや進んだ高谷池と，泥炭層の堆積にもかかわらず大きな池塘を残す天狗の庭があり，両者の間には，ほとんど陸化した高谷野地（◆8）があって，岩塊の間に多くの湿性高山植物がみられるなど，変化に富んでいる．山頂は森林限界をこえており，特に風の強いところには風衝植物，裸地が分布し，南斜面には残雪植生となるなど，気象条件に制約された多様な自然景観がみられる．なお，火打山東部の矢代川源流には，隣接する高妻山とともに氷河によって侵食された可能性のあるカール，U字谷，擦痕の存在が報告され，最終氷期に氷河が存在したのではないかと考えられている．　　　　　　　　　　［鈴木郁夫］

◆5 天狗の庭からの火打山山頂（右側の山は雷菱火山の一部，雷鳥広場）

◆6 高谷池湿原

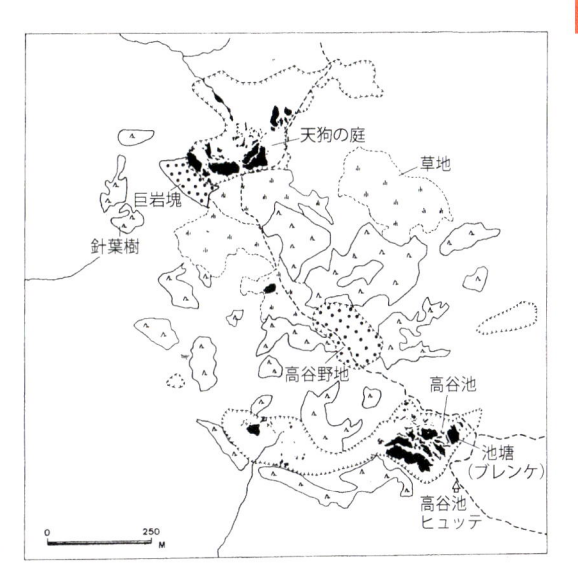

◆7 火打山南東斜面の概略図（鈴木，1983）

◆8 高谷野地の景観

上信越

妙高山・火打山

20 洋上の山の森と花たち
金北山（佐渡島）
きんぽくさん
新潟県/標高 1172 m
北緯 38°06′14″ 東経 138°20′59″

　佐渡島は沖縄本島に次いで大きな島である．この島は，北部の大佐渡山地と南部の小佐渡山地，その間に位置する国仲平野という3つの地域に分かれる．島の南側が対馬暖流の影響を受けて暖かく，北側は涼しいので，日本の植物分布における北方的要素（ブナ帯要素：大佐渡に分布）と南方的要素（照葉樹林要素：小佐渡に分布）が共に分布している．このため，島全体としての植物の多様性が高く，新潟県に分布する植物の大半は佐渡島でみることができる．植物類の盗掘が比較的少ないことや，シカ，イノシシなどの大型哺乳類が分布していないことが幸いして，林床の草花は実に豊かである．佐渡島独自の固有種は少ないが，全国レベルでの希少種が多い．大佐渡山地の稜線沿いでは雪どけ直後，オオミスミソウ（雪割草）をはじめ，キクザキイチゲ，シラネアオイ，カタクリ，オオイワカガミ，エンレイソウ，ヒトリシズカなどが咲き乱れ，足の踏み場もないほどのお花畑が出現する（◆1）．このため，佐渡島の登山は春に「花の山旅」として楽しむ人が多い．

　盟主，金北山を擁する大佐渡山地は海面からそびえる標高1000m前後の衝立状の山塊で，本州の2000m級の山に匹敵する堂々たる山容を示す（◆2）．大佐渡山地は樹木の分布パターンに特徴があり，山地の南部は日本海型のブナ林，北部は純林状のスギ天然林になる（◆3）．2つの植生の移行部分にあたるドンデン山周辺では，スギの林分とブナの林分が猫の目のように入れ替わる．この植生分布には，標高600m以上の稜線上で頻繁に発生する雲霧が関与しており，スギ天然林の成立要因は屋久島のそれと類似性をもつと考えられている．また，冬の季節風は風速40m/秒をこえる強烈なもので，稜線上に7m近い雪の吹きだまりをもたらし（◆4），風の吹き抜ける側（冬期は雪がつかず凍結する）に偽高山帯状の矮性低木林や草原をつくりだしている．標高1000mの山で，カタクリと一緒にハクサンシャクナゲが咲いている様子は奇妙である．佐渡の人たちは，このような稜線上の低木林や草原を利用して，古くからウシの放牧を行ってきた．

　登山ルートは多数あるが，アオネバ渓谷から金北山への大佐渡南部縦走ルートが最もよく登られている．このアオネバ渓谷の「アオネバ」とは，緑色凝灰岩が風化して粘土状になったものを指す．日本海の形成過程とかかわりの深い名前をもつこの渓谷から稜線上の小ピーク「マトネ」までは，佐渡島でもトップクラスの花の宝庫である．

　なお，上述した大佐渡北部の天然スギ林は，新潟県が壇特山(だんとくせん)の残存林を一部公開しているが，大部分は新潟大学演習林の中にあり群落保護のため一般の入林を規制している．佐渡観光協会の主催するエコツアーを利用して入山されたい．

［本間航介］

◆1 金北山に咲く春の花 （左上）オオミスミソウ，（中上）カタクリ，（右上）キクザキイチゲ，（左下）エチゴキジムシロ，（右下）シラネアオイ．

◆2 加茂湖（両津）から望む春の金北山

◆3 大佐渡北部のスギ天然林（新潟大学演習林）

◆4 大佐渡北部の雪の吹きだまりを4月に除雪したところ（最大積雪深は約6m）

上信越

金北山（佐渡）

21 至仏山・燧ケ岳

尾瀬ケ原をはさんで対峙する2つの個性

至仏山
しぶつさん
群馬県/標高 2228 m
北緯 36°54′13″ 東経 139°10′24″

燧ケ岳
ひうちがたけ
福島県/標高 2356 m
北緯 36°57′18″ 東経 139°17′07″（柴安嵓）

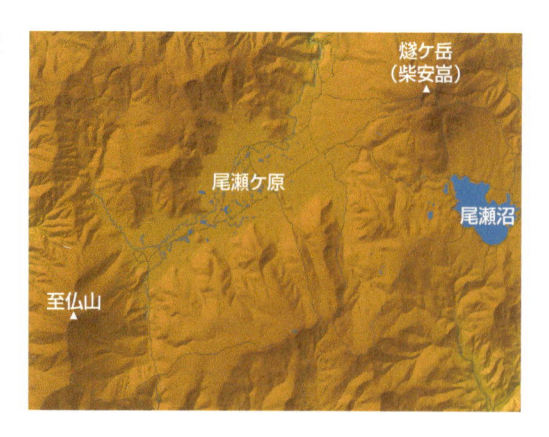

　尾瀬は日本の自然保護発祥の地といわれ，その高層湿原の美しさから，誰もが一度は訪れてみたいと思う場所である．この尾瀬ケ原を東西にはさんで，2つの山が対峙している．西が丸みを帯びた山容の至仏山（◆1），東がごつごつと険しい山容の燧ケ岳（◆2）である．尾瀬ケ原にたたずんで2つの山を仰ぎみると，どちらの山にも登ってみたいという衝動にかられる．この2つの個性の違いはいったい何がもたらしているのだろうか．

　今，至仏山は，尾瀬ケ原の山ノ鼻から山頂にいたる東面登山道が登りの一方通行となっている．このため，至仏山を堪能するには，山ノ鼻にある山小屋に泊まり，そこから東面登山道を登り鳩待峠に下山する行程をお勧めしたい．

　山ノ鼻から研究見本園方面へ歩き始めるとすぐに，ダケカンバの林がみえてくる．これは扇状地状の地形の末端にあり，かつての土砂の堆積地にパイオニアとして一斉林を形成したものと考えられる．見過ごしそうな風景だが，とてもおもしろい現象なのである．登山道へ入ると，周囲の環境が一変する．急斜面をぬうように登山道を登るが，ここはネズコを中心とした亜高山針葉樹林である．ネズコは地面から盛り上がるように根をはり，巨木となっている（◆3）．これはこの場所が，上部にある至仏山の蛇紋岩に影響を受けた斜面であるため，枯れた株を取り込むようにネズコが生えているためである．至仏山は，1億7000万年前のものと考えられる蛇紋岩とカンラン岩からなる．蛇紋岩は植物にとって有毒な成分を含むため，それに耐えられる特殊な植物を多産することが知られている．1650 m で極端に低い森林限界に達するが，ここが岩塊斜面の末端である．登り始めて1時間ほどでその森林限界に到達する．急に樹林帯から抜けるので，小休止をして周囲の環境を観察するのもいい．

　森林限界から上は，基本的に蛇紋岩の岩塊地と基盤がしっかりと残っている壁の組み合わせで，階段状の地形をつくる．周囲はハイマツや矮低木化したネズコなどの群落が中心となる．登山道は時折，裸地が広がった部分を通過していく．ここはかつて雪田群落におおわれており，それが裸地化してしまったものである（◆4）．こうした場所は，雪食凹地とよばれる地形で，残雪が残るために凹地状の地形となった場所である．ここは薄い泥炭層がおおい，雪田群落を維持していたが，人が靴で踏みつけることなどで侵食が始まり，裸地化したと考えられるのである．人間の負の遺産としてしっかりとみてほしい．

　山頂の直下でまた環境が一変し，天上の楽園にたどりつく．ここは高天原で，風衝地と雪のたまる場所の両方があり，高山植物の宝庫である．ホソバヒナウスユキソウ（◆5），カトウハコベ，

◆1　尾瀬ケ原から至仏山を望む

◆2　尾瀬ケ原から燧ケ岳を望む

◆3　ネズコ

◆4　裸地化した雪食凹地

関東近辺

至仏山・燧ケ岳

イブキジャコウソウ，タカネトウウチソウ，アオノツガザクラ，タカネナデシコ，ミネズオウなどなど，枚挙にいとまがない．ここで英気を養い，山頂へ到達する．至仏山の山頂から小至仏山にかけては，稜線の道で，高山帯の景観となっている．ハイマツやドウダンツツジ，ハクサンシャクナゲなどの低木林とホソバヒナウスユキソウやタカネナデシコの群落が交互に現れる．

　小至仏山から下り始めると，礫が細かく割れたガレ場に出る．ここは流紋岩が貫入している場所で，その範囲だけ非常に不安定になっている．ここでは，オゼソウがよくみられる（◆6）．そしてさらに下ると，オヤマザワ田代の湿性草原がみごとである（◆7）．池塘の周辺にはモウセンゴケやオオサクラソウ，ハクサンコザクラがある．そして徐々にオオシラビソの亜高山針葉樹林に入るが，その間で，シナノキンバイやチングルマが目立つ．ブナ林に到達し，鳩待峠にいたると，山行の終了である．一つの山で，低下した森林限界，低木林，雪田群落，風衝地の群落，湿原，針葉樹林，ブナ林のある貴重な山が，至仏山なのである．

　一方，反対側の燧ケ岳は全く異なる山容である．あまり登山者は意識していないかもしれないが，この山は活火山であると考えられている．最近の研究で約500年前に噴火し（早川，1994, 1995），麓の檜枝岐村には洪水が発生した記録（1544年）が残っている．また8000年前には山頂を含む岩塊が南側に流れ落ち，川をせきとめて尾瀬沼をつくったと考えられ，このときの流れ山地形が沼尻にみられる（早川ほか，1997）．こうした火山活動の痕跡が，燧ケ岳には多く残っている（たとえば，ナデッ窪や，赤ナグレ岳の溶岩など）．

　もう一つ，あまり意識されないが，燧ケ岳は実は東北地方最高峰の山である．このため，麓のブナ林からオオシラビソを主体とした亜高山針葉樹林，ハイマツやハクサンシャクナゲからなる高山帯へと移行する，垂直分布帯がよく発達している．さらによくみると，燧ケ岳の噴火史の影響を受け，ブナ林の上限が，場所によって上下している．この辺は最新の研究成果をまたないといけないが，おそらく噴火による噴出物の堆積状況や，噴火時期の違いで，ブナ林と亜高山針葉樹林との境界が上下し，波打っているようにみえるのだと考えられる．また高山帯には，イワウメやコケモモ，細かい礫地によくみられるコマクサなどの高山植物も生育している．

　蛇紋岩の山と火山というこの個性の違う2つの山を，ゆっくりと歩き，その成り立ちの違いから，悠久の歴史を感じてみてはいかがだろうか．

［辻村千尋］

◆5 ホソバヒナウスユキソウの群落
（小泉武栄氏提供）

◆6 オゼソウ（小泉武栄氏提供）

◆7 オヤマザワ田代

関東近辺

至仏山・燧ケ岳

22 湖沼・湿原群の生みの親

男体山
なんたいさん
栃木県/標高 2486 m
北緯 36°45′54″東経 139°29′27″

日光白根山
にっこうしらねさん
栃木県・群馬県/標高 2578 m
北緯 36°47′55″東経 139°22′33″

　関東平野の北にそびえる日光火山群．その美しい姿に吸い寄せられるようにいろは坂を上ると，男体山の雄姿が目に飛び込んでくる．男体山の麓に広がる中禅寺湖を眺めながら竜頭滝をこえれば，戦場ケ原だ．この湿原からは日光火山群のほとんどを手にとるようにみることができる．湯滝をこえたところにある湯ノ湖では，湯元温泉の強烈な硫黄のにおいに迎えられるだろう．さらに金精峠をこえれば，菅沼・丸沼が幽玄な雰囲気でたたずんでいる．まるで階段を上った踊り場ごとに美女が待っているように，地形が変わるたびに次々と美しい景観が現れるのが，奥日光である．「関東の奥座敷」としてふさわしいこれらの自然景観は，いうまでもなく，日光火山群の活動がつくりだしたものである．

　日光火山群を構成する山々は多様な顔つきをみせる（◆1）．男体山は，北に開いたカルデラをもつ成層火山である．侵食が激しい女峰山は，やせた山稜が特徴的だ．大真名子山・小真名子山・太郎山と，活火山である日光白根山（奥白根山）は，典型的な溶岩ドームである（◆2）．これらの山々のうち，男体山と日光白根山は，日光火山群を代表するピークといえよう．

　男体山の噴火は，溶岩流や軽石流となって河川をせきとめ，中禅寺湖や古戦場ケ原湖をつくった．名瀑として知られる華厳滝と竜頭滝は，それぞれのせきとめ部分にできた滝である．三岳の噴火は，同じように，湯滝と湯ノ湖をつくった．切込湖・刈込湖・蓼ノ湖も，三岳の噴火によって形成された．菅沼・丸沼・大尻沼は，白根山の噴火による堰止湖である（◆3）．このように，複数の火山の度重なる噴火活動が，奥日光ならではの階段状の景勝地をつくりあげたのである．

　植生にもみどころが多い．高山帯は，男体山では山頂にわずかにあるだけだが，白根山には明治時代の噴火で生じた火山砂礫地があり，その一帯にコマクサやイワスゲをはじめとする高山植物の群落が広がっている（◆4）．

　常緑針葉樹を主体とする亜高山帯と，落葉広葉樹を主体とする山地帯でも，地形・気候などの環境条件に応じた多様性がある．この地域では，標高 1500～1800 m が亜高山帯と山地帯との境界になる．亜高山帯では，金精峠をはさみ，太平洋側（栃木県側）にはコメツガが多く，日本海側（群馬県側）にはシラビソ，オオシラビソが多い．白根山の山頂付近にはダケカンバもみられる．山地帯ではミズナラとブナが主体になるが，両者は地理的にすみわけているようである．特に，盆地底に位置する戦場ケ原の周囲には，ミズナラが圧倒的に多い．これが，地形条件と植生遷移のステージによるものなのか，盆地底で冷気湖が形成される気候条件によるものなのかよくわからないが，たいへん興味深い．林床のコントラストもはっきりしていて，積雪の多い白根山側ではチシマザサ，

◆**1 五色山（2379 m）からみた日光火山群** 右から，男体山，大真名子山（2375 m），小真名子山（2322 m），女峰山（2483 m），太郎山（2367 m）．男体山山麓には，溶岩流による堆積地形と，戦場ケ原の開拓地がみえる．手前は三岳（1944 m），湯ノ湖，湯元温泉．

◆**2 前白根山（2373 m）からみた日光白根山** 手前にみえる五色沼より上部，比高 300 m ほどの山体が溶岩ドーム（溶岩円頂丘）．

◆**3 日光白根山からみた菅沼と丸沼**

関東近辺

男体山・日光白根山

積雪の少ない男体山側ではミヤコザサ，スズタケとなる．

　こうした植生分布からもわかるように，奥日光は，太平洋側の気候と日本海側の気候が接する地域なのである．冬の戦場ケ原に立ってみると，男体山・中禅寺湖方面は晴れわたっているのに，白根山・湯ノ湖方面には雪雲がかかっている風景に，かなりの確率で出あえるだろう．

　ミズナラ林に囲まれるように，盆地の底にたたずむ戦場ケ原湿原．この湿原は，男体山の山麓に形成された扇状地と，湯川が形成する蛇行帯にはさまれている．時代の異なる空中写真を比べてみると，湿原の東側，扇状地に接する部分の景観が，数十年で大きく変わっていることがわかった．この「景観変化の最前線」で何がおこっているのか，詳しい野外調査をしてみた（尾方，2003）．

　湿原に入って歩いてみると，この「最前線」の地表の状態は実に複雑であることがわかった（◆5）．まず，男体山の山麓から舌状に伸びる高まりが目につく．これは扇状地性の砂礫堆積物からなっていて，湿原に突っ込んでいる．その末端には小さな段差があり，そこを境に生育する植物が異なっている（◆6）．扇状地側はやや乾燥していて，林床がミヤコザサにおおわれた，カラマツの林になっている．このカラマツ林では，何十回と訪れても，地表が水に浸かっていることはなかった．湿原側は，水位が高いときは地表が灌水し，オオアゼスゲ，ホロムイスゲ，ワタスゲが谷地坊主をつくっていて，ミヤコザサはみられない．湿原の縁辺にはまばらにシラカンバやカラマツが生育しているが，湿原に向かうにつれて樹木はなくなり，そこには谷地坊主だけが広がっている（◆7）．

　ここではどうやら，扇状地の拡大と湿原の縮小が，自然景観の変化をコントロールしているようである．しかし，調査を進めると，それだけではないこともわかってきた．そもそも，舌状の高まりの先である湿原の縁辺にもシラカンバ林があり，そこの谷地坊主は化石化している（Ogata, 2005）．これは，地下水面そのものが低下していると考えなければ説明しにくい．地形変化があってカラマツ林が形成されれば，それまでと比較して蒸発散量は増えるだろう．また，湿原の西縁を流れる湯川で野外観測をしてみると（Yumoto et al., 2006），秋から春にかけての凍結・融解作用によって，河岸が大きく後退していることもわかった（◆8）．この河岸侵食は，湿原からの排水を促す．さらに，イチゴの山上げ栽培が行われている戦場ケ原の場合，人為的な水利用の影響も考えなければならない．

　湿原の景観保全は難しい問題である．そもそも湿原の景観は，自然環境下でも徐々に変わっていくもので，面積の縮小や乾燥化といった変化は，自然の流れでもある．私たちは，その速度が自然的プロセスでおこりうるものかどうかを判別しなければならない．人為的プロセスによって加速化された景観変化に対しては，何らかの手を打つことも必要だろう．しかし，自然的プロセスで進んでいく景観変化まで食い止めることは，自然保護とはいえないはずだ．男体山の営みでつくりだされ，そして男体山の営みで壊されはじめている戦場ケ原は，私たちに景観保全の本質的な問題を問いかけているのかもしれない．

［尾方隆幸］

◆4 日光白根山頂部（小泉武栄氏提供）

◆5 糠塚（1405 m）からみた扇状地と湿原との境界

◆6 扇状地と湿原との境界 ササにおおわれたところが舌状地形の末端．

◆7 扇状地と湿原との境界 湿原には谷地坊主が密集している．背後は男体山．

◆8 湯川の蛇行帯と河岸侵食 凍結・融解作用によって，侵食を防止するために打たれた杭が激しく破壊されている．

関東近辺

男体山・日光白根山

23 岩峰と石門の山
妙義山
みょうぎさん
群馬県/標高 1104 m
北緯 36°17′55″東経 138°44′56″（相馬岳）

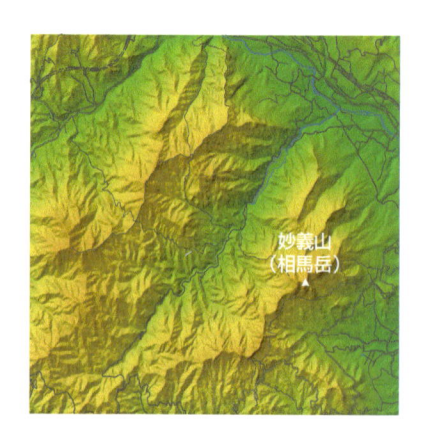

　奇岩・奇峰の多い西上州にあって，ひときわ目立つ存在が妙義山である（◆1）．妙義山は，東西10 km，南北6 kmほどの山塊の総称である．山塊の北には碓氷川が，南には鏑川の支流西牧川が流れている．妙義山は，中木川を境に二分され，関東平野に面する南東側は表妙義（狭義の妙義山），北西側は裏妙義とよばれている．狭義の妙義山は白雲山・金洞山・金鶏山の3山からなり，白雲山の相馬岳（1104 m）が妙義山最高峰である（◆1, 2）．妙義山は，700万～500万年前ごろの火山活動によって，中新世の海成泥岩上に堆積した安山岩類でできている．ただし，侵食が進み火山の原形をまったくとどめていない．溶岩や火砕流の溶結部が削り残されて，岩峰や岩壁を形成している．

　妙義山は九州の耶馬渓・小豆島の寒霞渓とともに日本三奇勝に数えられ，起伏に富んだその特異な山容は，旅行者に強いインパクトを与えてきた．千葉県在住の知り合いの話では，表妙義東麓の上信越自動車道をドライブ中，入園前の子息が寝起きざまに妙義山と初対面し，恐竜と間違えて泣き出したそうである．かくも印象的な妙義山は，古来より山岳信仰の対象とされ，その中心的存在である妙義神社は西暦537年に白雲山の麓に創建されたという．

　いくつもの個性的な岩峰を擁する妙義山は，登山者や観光客にとって魅力的な山である．金洞山の山腹にある4つの石門（アーチ）群（◆3）や筆頭岩，大砲岩などの天然岩の造形はみごとである．山腹斜面の下方には，1983年に造成・植栽されたさくらの里公園があり，ソメイヨシノ，ヤマザクラ，ヤエザクラなど約45種5000本の桜が岩峰を背景に満開を迎える様子は一見の価値がある．妙義山は比較的低い山であるため，落葉広葉樹林帯に属し，岩峰を背景にした新緑や紅葉も美しい．岩場には，イワヒバ科に属するイワヒバやウラボシ科のミョウギシダ（絶滅危惧IB類）などが生育するが，いずれも乱獲の危機にさらされている．交通のアクセスがよく，東に開け，冬季の積雪がほとんどない妙義山は，初日の出のポイントとしても根強い人気がある．金洞山と白雲山は稜線を歩くことができる．標高が低いため，手軽な山のように感じられるが，岩場・鎖場が多く，特に冬には足場が凍結して滑りやすく，転落事故の危険と隣り合わせである．

　金鶏山は名のごとく，鶏冠のような形をした上に凸の巨大な屏風岩であり（◆1），見る角度によって容姿がまったく異なる．垂直に近い岩壁は，現在はおおむね安定していて，節理にマツやカエデが入り込む様子は，掛軸の山水画さながらのおもむきがある．しかし，最終氷期には，節理沿いに浸透した水が凍結融解を繰り返し，岩屑が活発に生産され，落石が頻発していたと考えられる．◆4に示すように，金鶏山山麓のなめらかな緩斜面は，最終氷期の3万～1万5000年前ごろに，背後の崖からの落石と浅間火山からの降下軽石・火山灰とが混じりあって，小さな谷を埋めてできた堆積面であることがわかっている．氷期には今より近づきがたい山であったことは間違いない．

［須貝俊彦］

◆1 表妙義　右（北）から左に向かって，白雲山，金洞山，金鶏山　楕円は◆4のおよその位置を示す．

◆2　妙義山岩峰（小泉武栄氏提供）

◆3　妙義山第4石門（小泉武栄氏提供）

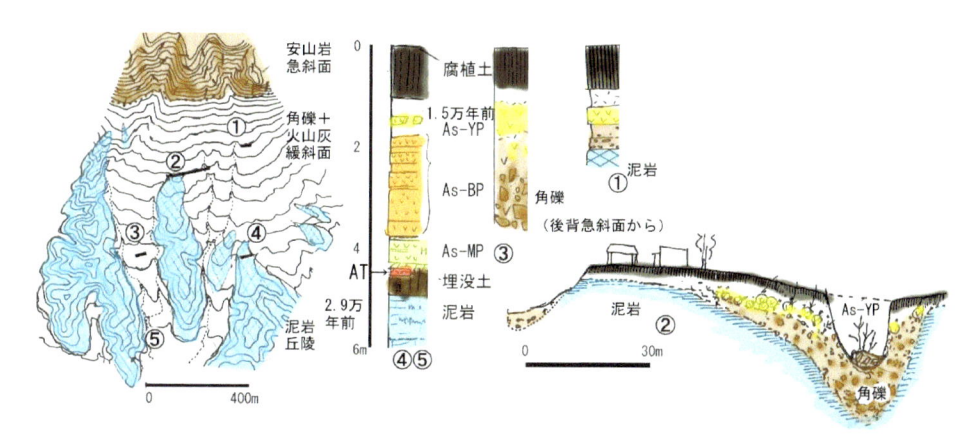

関東近辺

妙義山

◆4　金鶏山東麓の緩斜面といくつかの露頭　◆1におよその場所を楕円で示す．10m間隔の等高線図（左）と斜面の露頭（右）．①～③の場所には背後の急斜面からの落石（角礫）が泥岩の上に堆積した．AS-YPなどは浅間山起源の火山灰層の名称．④⑤では過去3万年間くらい斜面が安定していた．

24 岩塊斜面とトア（岩塔）

金峰山
きんぷさん（きんぽうさん）
山梨県・長野県／標高 2599 m
北緯 35°52′17″東経 138°37′31″

瑞牆山
みずがきやま
山梨県／標高 2230 m
北緯 35°53′36″東経 138°35′31″

　関東と甲信地方を分ける山々を関東山地とか秩父山地というが，登山関係では奥秩父という呼び名のほうが一般的であろう．奥秩父の山々の多くは，たおやかな山容で森林におおわれている．そうした奥秩父にあって，ただひとつ高山帯の景観がある山が金峰山で，花崗岩の岩壁やトア（岩塔）が驚くほどに林立する山が瑞牆山だ．

　奥秩父の最高峰は国師岳のやや南にある北奥千丈岳（2601 m）だが，これは火山を除けば，日本アルプスの山々に次ぐ高さである．いっぽう，金峰山の最高点は実は山頂でなく，すぐ隣りにある五丈石という高さ 20 m のトアのてっぺんで，非公式なデータではあるものの山頂の三角点からの水準測量により 2599.7 m が求められた（◆1）．北奥千丈岳との差はわずか 1 m あまり．

　奥秩父で最大のハイマツ群落をもつ山が金峰山だ．金峰山への登山コースのうち，北の廻り目平（長野県側）からのコースでは，沢を離れてからはコメツガを主とした亜高山帯針葉樹林の中をひたすら登って金峰山小屋へ着く．小屋の位置（標高 2450 m）が森林限界で，そこから山頂までがハイマツやコメツガなどの低木群落となる．同時に足もとに直径 1 m ほどもある花崗岩の岩塊がたくさん現れて歩きにくくなる．このような岩塊が斜面の表面に連続してみられる斜面を「岩塊斜面」という．岩塊の間はすき間だらけで土が少なく，森林ができない．そこではハイマツやコメツガの低木がかろうじて育つことができる（◆2）．岩塊斜面は，氷期の寒冷気候で地面の凍結が激しくなり，岩が割れそれが徐々に移動してできたものだ．金峰山のまわりでは，岩塊が厚く堆積した岩塊斜面が標高 2300 m まで下がっているところがある．そうした低い場所でも岩塊斜面にハイマツがみられるので，岩塊斜面が森林限界を引き下げているといえよう．

　瑞牆山へは南の富士見平からのコースが一般的で，富士見平からしばらく行くと瑞牆山全山がみえる伐採跡地を通る（◆3）．見上げる岩壁やトアのすごさに圧倒されるが，そこから先は天鳥川を渡って桃太郎岩という直径 23 m もある大岩塊（◆4）の横を通ればあとはコメツガ林の中を登り，鎖もハシゴもなく岩瘤の山頂へ達することができる．山頂にハイマツはないが，眼下に高さ 37 m もあるトアの鑢岩が突き立っている．

　瑞牆山にこうした巨大なトアや岩壁が集中しているわけは，花崗岩の割れ目（節理）に関係する．花崗岩には大まかな間隔で節理が発達するが，瑞牆山をつくる花崗岩はその傾向が特に強い．節理の間隔が広すぎると，岩が割れにくいので，そうした部分にトアや一枚岩の岩壁が残ることになる．トアや岩壁を削りだした力は氷期の凍結が考えられるが，地震による割れもあるかもしれない．いずれにしろ，桃太郎岩の大岩塊も，トアや岩壁からはがされて落下したものだ．

　　　　　　　　　　　　　　　　　　　　　　　　　　　　　　　　　　　　　　　［清水長正］

◆1 五丈石と岩塊斜面　手前はコメツガ低木.

◆4 瑞牆山麓の桃太郎岩

◆2 金峰山北側のハイマツ群落と岩塊斜面・トア　この裏に金峰山小屋がある.

関東近辺

金峰山・瑞牆山

◆3 瑞牆山の岩壁とトア　山頂の左のトアが鑢岩.

25 大都市近郊にひろがる多様な植生景観の山
丹沢山
たんざわさん
神奈川県／標高 1567 m
北緯 35°28′27″東経 139°09′46″

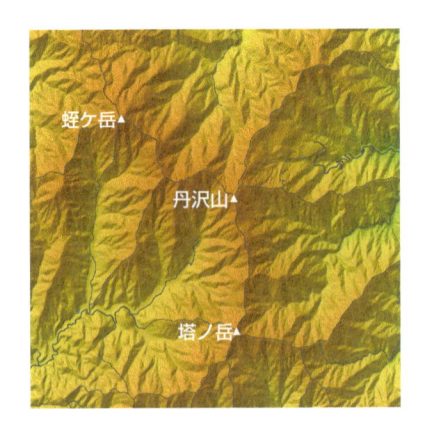

　丹沢山は，神奈川県西部に位置する丹沢山地の一峰である．この山は丹沢山地を代表する山岳の一つであるが最高峰ではない．最高峰は丹沢山の西北に続く蛭ケ岳（1673 m）である（◆1）．

　丹沢山の地形上の第 1 の特徴は，関東大震災による崩壊地がいたるところにあることである．第 2 の特徴は，標高 1400 m 付近を境にして斜面の勾配が変化することである．1400 m よりも下部では開析前線が達しているため急斜面が続き土壌が薄い．それに対して上部では開析前線が達していないため緩斜面となり，富士山からの火山灰が厚く堆積し，土壌も厚い．このような山頂緩斜面は丹沢山のほかにも蛭ケ岳や不動ノ峰（1614 m），檜洞丸（1601 m），大室山（1588 m）など標高 1400 m をこえる丹沢山地の各地でみることができる．これらの山頂緩斜面に関しては化石周氷河斜面の可能性も指摘されている（棚瀬，1997）．その他の特徴として，山頂緩斜面上に岩壁があることや二重山稜のような地形があることもあげられる．丹沢山から蛭ケ岳に行く途中の鬼ケ岩や，塔ノ岳に行く途中の竜ケ馬場には小規模な岩壁があるし，二重山稜は丹沢山の北側尾根や竜ケ馬場付近でみることができる．これらの成因についてはよくわかっていない．他にも丹沢山周辺には堂平の地すべり地形（◆2）や早戸の大滝（◆3）もあり，地形が多様である．また，標高 1400 m 付近を境にして上部は夏季に霧がかかりやすく冷涼多雨（湿）なことも丹沢山の特徴である．

　こうした地形・気象の特徴から，生育する植物とその集団である植生も地形に対応した配列となっている．丹沢山では標高 1000 m をこえるとブナが優占する冷温帯自然林になる．そのブナ林は緩斜面が形成される標高 1300～1400 m 前後を境にして構成種が異なっている．標高 1400 m 以上は直径の太いブナやオオイタヤメイゲツを主体に，下層にはヒコサンヒメシャラやミヤマイボタなどが混生し，草本層にはオオバイケイソウやシロヨメナ，マルバダケブキなどの高茎広葉草本が生育している（◆4）．標高からいって丹沢山地に亜高山帯はないが，亜高山帯に分布の本拠をもつクルマユリは，丹沢山地では 1400 m をこえる山岳の山頂付近に生育している（◆5）．山頂緩斜面にサワグルミが出現することも湿潤な立地特性によるものであろう．また，標高 1300 m よりも上部ではブナの樹幹に着生する植物も多いことがわかっている（田村・勝山，2007）．たとえば，全国的にめずらしいヤシャビシャクやフォッサマグナ要素植物といわれているマツノハマンネングサ，普通岩壁に着生するイワギボウシやダイモンジソウも樹幹に着生している．このような山頂緩斜面上に成立するブナ林は，標高 1400 m 以上の蛭ケ岳や檜洞丸，大室山などでみることができる．

　標高 1400 m 以下のブナ林は，上層がブナやシナノキ，アラゲアオダモ，コミネカエデ，リョウブなど，下層はスズタケで構成されている．下層にスズタケが優占するブナ林は太平洋側の代表的

◆1 **臼ケ岳の南稜からみた蛭ケ岳** 関東大震災の爪あとがところどころに残り，尾根上はブナなどの樹木が枯れてミヤマクマザサ草原になっている．

◆2 **丹沢山の北東斜面に位置する堂平**（崩壊地の左上と右上） 標高 900 m から 1200 m にかけて平坦面が 2 面ある．地すべりによるものといわれている．左上には丹沢三峰の円山木ノ頭と本間ノ頭がみえている．

◆3 **丹沢山の北西斜面を水源とする早戸川大滝沢にかかる早戸の大滝** 落差は約 50 m で，日本の滝百選の一つである．

◆4 **林床に高茎広葉草本が生育するブナ林**

関東近辺

丹沢山

なものである．崩壊地にはフォッサマグナ要素植物のフジアザミ（◆6）をはじめ，シコクハタザオ，ヤハズハハコ，イワキンバイ，シモツケソウなどが生育している．竜ケ馬場などの岩壁にはフォッサマグナ要素植物のハコネコメツツジ（◆7）がマット状に生育している．このほかにも地すべり地形の堂平にはウラジロモミ林やシオジ林，シウリザクラの小群生があるし，風衝地にはニシキウツギ低木林やササ草原がある．ササ草原はミヤマクマザサから構成され，もともと風衝地であったのか，それとも山火事など何らかの攪乱があったのか確かなことは不明である．また丹沢山北東部の丹沢三峰には個体数は少ないものの天然のアスナロやスギもある．

丹沢山の東面の札掛周辺では標高 500〜1000 m にかけてまとまったモミ林やツガ林がある（◆8）．いわば温帯針葉樹林である．場所によりゴヨウマツやカヤ，天然のスギ，ヒノキが混生している．これらの針葉樹はブナなどの落葉広葉樹よりも起源が古い．そのため，モミなどの針葉樹が優占して生育する温帯針葉樹林は，生きた化石としてブナ林に勝るとも劣らず貴重である．実際に札掛のモミの巨木林は県の天然記念物に指定されている．

以上のような多様な植生景観を反映して，丹沢山は丹沢山地のなかで絶滅危惧種の最も多い地域の一つとなっている．

地形と植生がおりなす自然景観に富んだ丹沢山であるが，1980 年代からブナやウラジロモミなどの樹木の枯死や林床植生の衰退の問題が発生している．ブナを含む樹木の枯死は主に高標高の南〜西斜面でおきている．これまでの調査から，ブナの枯死については大気汚染物質由来のオゾンと水分ストレス，ブナハバチの大発生に伴う葉の摂食圧の3つに整理されている（山根ほか，2007）．ウラジロモミの枯死はシカの環状剥皮が原因である．林床植生の衰退はシカの強い採食圧が原因であり，樹木の稚樹の更新阻害や多年生草本の減少，スズタケの退行がおきている．シカの強い採食圧により樹木の稚樹は 10 cm をこえることがほとんどなく，草本はシカの不嗜好性植物やシカに採食されても生育できるイネ科草本や小型の草本のみが繁茂している．

丹沢山地の自然再生に向けた事業が神奈川県により進められている．具体的にはシカの採食から植物をまもる植生保護柵，土壌保全柵の設置やウラジロモミのネット巻き，捕獲によるシカの個体数管理が行われている．それと同時に事業の効果検証のモニタリングも行われており，ブナ林の衰退機構の解明やブナ林再生のための実証試験，植生回復のモニタリングが進められている．丹沢山は森林生態系が劣化する一方で，自然再生のための取り組みが集中かつ重点的に行われている山岳でもある．以上のように，丹沢山はすばらしい自然景観をいまだに残しつつも，自然再生の試金石ともなる山である．

［田村　淳］

◆5 クルマユリ

◆6 崩壊地に生育するフジアザミ

◆7 岩壁に生育するハコネコメツツジ

◆8 神奈川県の天然記念物に指定されている札掛のモミ林　モミのほかに天然のスギやケヤキ，沢筋にはトチノキの巨木がある．

関東近辺

丹沢山

26 日本の最高峰 富士山

ふじさん

静岡県・山梨県／標高 3776 m
北緯 35°21′39″ 東経 138°43′39″（剣ケ峯）

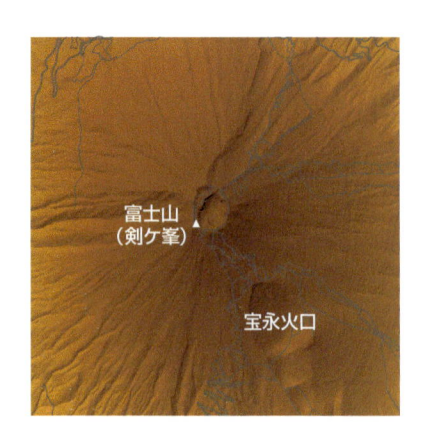

富士山（剣ケ峯）
宝永火口

　富士山の現在の山容は，数十万年前の小御岳火山時代，約8万年前から1万年前の古富士火山時代，1万年前から現在の新富士火山時代の3つの時代を経て形成された．この山の形は，玄武岩溶岩とスコリアの放出を繰り返してできた典型的な円錐形（コニーデ）の成層火山だ．山頂の火口から，粘性の小さい玄武岩質溶岩とスコリアが，長期間堆積して，ゆるやかに傾斜する円錐形が形成された（◆1）．標高地点は海抜 3776 m で，日本列島の最高峰である．

　新富士火山時代には大規模な寄生火山が生じた．864年には北西側の長尾山と石塚山の噴火口から大量の溶岩が噴出し，その溶岩流の上に，現在の青木ケ原の樹林帯が成立した．広さは約3000ヘクタールである．ツガ・ヒノキを主体とする常緑針葉樹林で，部分的にはブナ・ミズナラの小群落が混在している．1707年には宝永の噴火がおこり，富士山の南東側には3つの火口が開いた．この噴火は初期には軽石からなる火山灰を，続いて黒曜石を，その後に玄武岩質の火山灰を噴出した．今でも宝永の噴火口付近には，黒く光る黒曜石を見つけることができる．この噴火により，南東側の植生はほとんど焼失，破壊され，火口から標高 1400 m の付近までが裸地化した（◆2）．標高 2300〜2400 m の宝永の第2，第3火口付近は，噴火により押し下げられた森林限界が，現在徐々に上昇しつつある．

　富士山の西斜面には長さ 2 km，幅 500 m の大きな崩壊地がみられる．これは大沢崩れとよばれ，火口直下から始まっている（◆3）．現在も侵食は進行していて，毎年大量の岩やスコリアを山麓の扇状地に搬出している．大沢の右岸で玄武岩を主体とした安定した場所には，標高の高いところまでカラマツが生育していて，その樹木限界は 2850 m である．

　富士山の植生は標高の低い位置から，山地帯，亜高山帯，高山帯，上部高山帯へと帯状に変化している．山地帯は北側と南側では大きく異なり，北側には亜高山帯に接するところまでアカマツが分布している．それに対し，南側はブナ，ミズナラ，イタヤカエデなどの落葉樹林が分布している．このブナの林は典型的な太平洋岸型の構造を示し，ほとんどが大径木で幼樹，稚樹がきわめて少ない．そのため天然更新が難しいといわれている．

　山地帯の上方の亜高山帯は南北両面ともほぼ同様な植生で，おもに常緑針葉樹のシラビソ，コメツガ，トウヒの優占する林である（◆4）．雪崩や積雪のストレスを受ける沢沿いには，ダケカンバが優占している．

　主な登山道は富士吉田口，富士宮口で，標高 2400 m 付近から始まる．このあたりはちょうど森林限界にあたり，シラビソなどの常緑樹林から矮性のカラマツ林（◆5）への変化がみられる．森

◆1 典型的な円錐形の成層火山の姿

◆2 宝永火口

◆3 大沢崩れ

◆4 亜高山帯の林

関東近辺

富士山

林限界の構造も北側と南側では異なっている．北側の森林限界は，2400 m より上方に向かって半島状に大きく突出している．北側の面では積雪の影響が大きく，特に半島状の突出部の両側を雪崩が頻繁に通過していることが見てとれる．それに対して，南側は沢沿いに森林限界森林が下方に向かって V 字形に下っていて，その部分以外は標高 2400〜2500 m に位置している．限界線の先端はカラマツだけでなく，矮性化したミヤマハンノキ，ミヤマヤナギ（ミネヤナギ），ダケカンバが混在している．

　森林限界の上方は高山帯である．日本の山岳の高山帯にはいわゆる「お花畑」といわれている高山性の多年生草本植物が分布している．しかし，富士山では高山帯はオンタデ，イタドリを中心としたまばらな高山荒原となっていて，湿性の「お花畑」は存在しない（◆5）．高山帯においても特に砂礫の移動が激しい場所は，大型の植物は生育できず，フジハタザオ，ミヤマオトコヨモギ，ヤマホタルブクロなどのロゼット型の植物がわずかに分布している．このような殺風景な高山帯をさらに登ると，日本列島では富士山にしかみられない上部高山帯へと移る．

　上部高山帯は標高 3500 m 以上で，ここには維管束植物はほとんど分布していない．ここから 3776 m の山頂まではコケ類と地衣類の世界である．登山者が富士山の山頂付近には"何も植物がなかった"と表現するところである（◆6）．

　山頂の火口外縁は約 3 km で，火口の底は外縁から約 200 m 下方だ．外縁には「お鉢めぐり」といわれている登山道がある．その周辺の霧などによって水分の供給が多いところでは，コケ類や地衣類の群落をみることができる．富士山の山頂付近には永久凍土が存在し，場所によっては真夏でも凍土の融解水が岩壁から浸出している．このようなところにはタカネスギゴケ，ギンゴケ，ヤノウエノアカゴケなどのコケ類も数多く生育している．このうち，ヤノウエノアカゴケは特に凍土の融解水の影響を受けて，南極地域のヤノウエノアカゴケと同様に，空気中の窒素を固定するシアノバクテリアと共存している群落もある．ただ，その量はここ 10 年間に急速に減少しつつあることが調査により明らかになった．

　近年は山頂の付近にもコケ群落が拡大し，岩壁が緑色になっている面がみられる（◆7）．また，今まで山頂には分布していなかったコタヌキラン，イワツメクサなどの維管束植物も，かなりみられるようにもなっている．富士山の植生は全体に安定しているものではなく，標高の低い部分でのブナ林の衰退，森林限界の上昇，山頂への新たな植物の侵入などと大きく変動している．

［増澤武弘］

◆ 5　高山荒原

◆ 6　山頂付近

関東近辺

富士山

◆ 7　岩壁のコケ群落

27 八ヶ岳
多くの峰が連なる火山群

やつがたけ
長野県・山梨県/標高 2899 m
北緯 35°58′15″東経 138°22′12″（赤岳）

　八ヶ岳は南北二十数 km にわたる山並で，広大なすそ野と山頂を多数もつ一大火山群である．八ヶ岳は 2800 m 級の険しい高峰が連なる南八ヶ岳（夏沢峠以南）を指すことが多いが，2500 m 級のやや低い峰が連なる北八ヶ岳をあわせてよぶこともある．なお，ほぼ中央の夏沢峠から麦草峠間の山岳地域を中八ヶ岳とよぶこともある．八ヶ岳は南端の編笠岳から赤石岳までは稜線が山梨県と長野県の県境を走るが，それより北部は長野県域となっている．したがって山梨県側からは，南東山麓の小淵沢，長坂あたりから清里にかけて秀麗な編笠岳と，三ツ頭，権現岳，赤岳など険しい峰々を眺望できる．一方，長野県側の茅野・諏訪地方，霧ケ峰などからは長大な八ヶ岳連峰全体が遠望できる（◆1）．

　八ヶ岳は，かつて本州中部地方に存在した大地溝帯（フォッサマグナ）に生じた火山地帯の一つで，火山活動が始まったのは，前期更新世の約 120 万年といわれる．先行していた霧ケ峰火山に続く火山で，活動は北西部の蓼科山から始まった（古蓼科山火山活動）．その後活動は次第に南下し，麦草峠あたりまでの北八ヶ岳で火山活動がおこった（古麦草火山活動）．中期更新世（78 万～13 万年前）には，中八ヶ岳一帯に活動が始まり，同時に南八ヶ岳も火山活動を始めた．南八ヶ岳で最も火山活動が盛んであったのは 30 万～25 万年前で，阿弥陀岳を中心に多量の噴出物が出された（古阿弥陀岳火山活動）．後期更新世の 13 万～3 万年前には，権現岳の火山活動が始まり，それは北部の横岳，硫黄岳に及んだ．それと同時に，阿弥陀岳の南西で西岳と編笠岳火山が活動を始め，粘性の高いマグマによって溶岩円頂丘ができた．なお至近の火山活動としては，北八ヶ岳の横岳（北横岳）が約 1 万年前に溶岩流を噴出したといわれている．この間，山体の崩壊，侵食，噴出物の堆積，崩壊，流出が繰り返しなされ，湖の形成も各所でおこった．このような侵食や堆積により，広くなだらかな山麓地帯と，現在の多様な高山地域の地形が形成された．

　南八ヶ岳では硫黄岳から赤岳までのルートに沿って，自然の様子をみてみよう．硫黄岳へは，夏沢峠から登る．峠から硫黄岳（2760 m）の爆裂火口の一部がみられる．硫黄岳爆裂火口は，硫黄岳の北側半分が大崩壊して約 300 m の断崖をつくっており，その景観に圧倒される（◆2）．標高 2500 m あたりで森林限界となり，視界が開けてハイマツ群落が広がる．その上は岩塊斜面となり，それをおおって風衝草原や風衝矮低木群落が成立している．硫黄岳山頂は平らな地形で河原のような岩礫地となっている．硫黄岳からは八ヶ岳の多くの峰々が展望できる（◆3）．南は目前の横岳から赤岳，阿弥陀岳へと稜線がのび，北は北八ヶ岳の主峰天狗岳がひときわ目立つ．ここから赤岳までは約 3 km の稜線である．横岳にいたるまでの砂礫地はコマクサ群落の宝庫である（◆4，◆

◆1 霧ケ峰からみた八ケ岳連峰

◆2 硫黄岳の爆裂火口（小泉武栄氏提供）

◆3 赤岩の頭より横岳（右），赤岳（中央）を望む（坪井勇人氏提供）

◆4 硫黄岳〜横岳付近の砂礫の稜線（坪井勇人氏提供）

◆5 コマクサの育つ砂礫地（小泉武栄氏提供）

関東近辺

八ケ岳

5）．最近このあたりにニホンジカが現れ，高山植物を採食したり踏みつけたりし，さまざまな被害がおきている．横岳は細長い稜線にいくつも岩峰が続き，昔からそれぞれの岩峰に名前が付けられてきた．最高地は奥ノ院（2829 m）である．また横岳の西斜面には急峻な岩壁が広がり，大同心，小同心といった岩峰が突き出た奇抜な景観がみられる．横岳の登山はこのやせた岩稜を鎖を頼りに登る危険なルートである（◆6）．ただ，八ケ岳で最も多くの高山植物と接することができるのも，この横岳一帯で（◆7），本州では八ケ岳と白馬岳にしか自生しないツクモグサやウルップソウもみられる．また風衝斜面にはハクサンコザクラやイワイチョウ，ヌマガヤなどからなる「雪田植物群落」はないものの，かわりにミヤマキンポウゲやチングルマなど湿生地に生える植物と，チョウノスケソウのような強風地に生える植物が混じった不思議なお花畑が生じている．横岳からの稜線を下り，地蔵の頭にいたると，行者小屋から地蔵尾根を経た登山道と合流し，赤岳山頂を目指す．赤岳は険しい岩峰となっており，その山容は均整のとれたがっちりした三角峰である（◆8）．赤岳には，北峰と南峰があり，南峰が最高地（2899 m）である．山頂からは富士山をはじめ360°の展望が広がる．また目前には西側に盟友阿弥陀岳（2805 m）が迫り，南方は権現岳（2715 m），さらに編笠岳と続く．八ケ岳の秋は，山麓がカラマツの黄葉に，山腹は針葉樹の緑と彩なす色とりどりの紅葉に染まる（◆9）．

　北八ケ岳は，峰々の標高は南八ケ岳より低いが，南部には根石岳（2603 m），天狗岳（2646 m）といった2600 m級の高山もあり，南八ケ岳と遜色ない地域もある．植生景観上の特徴として，いくつかの山腹に縞枯れ現象がみられる．これはオオシラビソ林が縞状に枯れている現象で，それが最も顕著に見られるのは，縞枯山（2403 m）の西斜面の樹林帯である．また横岳ロープウェイの終点の坪庭（2230 m）は，浅間山の鬼押し出しのように，溶岩が累積したほぼ平坦な地域で，矮生化した樹木とともに荒々しい奇観を呈している．北八ケ岳も豊かで多様な自然に恵まれている．

［土田勝義］

◆6 横岳の険しい岩場（小泉武栄氏提供）　　◆7 岩場の植生（小泉武栄氏提供）

◆8 八ケ岳の主峰，赤岳の偉容（坪井勇人氏提供）

◆9 八ケ岳山麓の紅葉（山梨県東沢）

関東近辺

八ケ岳

28 縞枯山

縞枯れはなぜ起こるのか

しまがれやま
長野県／標高 2403 m
北緯 36°04′32″ 東経 138°19′52″

　北八ケ岳の縞枯山や蓼科山では，亜高山帯の針葉樹林の一部が帯状に枯れ，斜面上に何列も白い縞ができる「縞枯れ現象」が，古くから登山者や植物学者の興味をひいてきた（◆1）．独特の景観は，みた人に強い印象を与え，自然の不思議さを感じさせずにはおかない．縞枯山で，縞枯れ現象のおこるメカニズムを考えてみよう．

　縞枯れとは一口にいえば，針葉樹の枯れた帯が，山頂部に向かってゆっくりと進んでいく現象である（◆2）．斜面下方の樹木が枯れると，その上部の森林には日光が入るようになり，風も吹き込むから，土壌が乾燥し，ついに樹木は枯れ始める．するとその影響はさらに上の森林に波及する．その結果，樹木の枯れる部分はしだいに上昇していく．白くみえる部分は，近くによってみると，立ったまま枯れたものもあり，すでに倒れたものもありと，それこそ白骨累々といった感じである（◆3）．しかし枯れた樹木の下には幼木が多数育ちつつあり，時間がたつとこれが生長してふたたび緑の林に戻っていく．海の波が次々に押し寄せるように，縞枯れの波も次々に訪れ，上がっていくのである．

　縞枯れ現象は八ケ岳のほかにも，関東山地，志賀高原，奥日光の山地，南アルプス，紀伊半島の大峰山などから報告されていて，必ずしもまれな現象というわけではない．これまでの研究では，縞枯れが主に南斜面や南西向き斜面に出現することから，南からの強風に原因を求めることが多かった．しかし南に向いた斜面にある針葉樹林で常に縞枯れが起こるかといったら，そんなことはありえず，このことがこの説の弱点になっている．

　地生態学や地形学の立場から縞枯れの生じている山地をみると，いずれも針葉樹林の林床が，岩がごろごろした岩塊斜面になっているという共通性がある（◆4）．岩塊斜面では樹木は岩塊を包むような形で根をはりめぐらせている．ところが台風のような強い風が吹くと，高く生長した木は風によって幹まで大きくゆすぶられ，ついには根が切れてしまう．その結果，樹木はそのうちに立ち枯れしてしまい，さらに時間がたつと倒れてしまうのである．私は縞枯れをスタートさせるきっかけは，このようなものだと考えている．

　縞枯れでおもしろいのは，先に述べたように，林床に跡継ぎの幼木がたくさん育っていることで（◆3），これは岩塊斜面で土地が安定しているからこそ，起こりうることである．縞枯れは森林の更新の1つのパターンであるが，岩塊斜面なしでは発生しえない現象だといえよう．　　　[小泉武栄]

◆ 1　茶臼山からみた縞枯山の縞枯れ現象

◆ 2　近くに寄ってみた縞枯れ現象

◆ 3　立ち枯れの目立つ縞枯れの内部

◆ 4　森林の下の岩塊斜面

関東近辺

縞枯山

29 天上山（神津島）

白いパミスがつくるロックガーデン

てんじょうさん
東京都／標高572m
北緯34°13′10″東経139°09′11″

天上山は伊豆七島・神津島(こうづ)の東北部に位置する火山である．この山は海抜が低いにもかかわらず，高山植物が分布するなど，不思議に満ちている．さっそく謎解きをしてみよう．

西側の黒島登山口から登り始める．最初のスダジイの森は，次第にウラジロとアカマツの低木，イヌツゲ，マルバシャリンバイなどに変わり，植生の丈はどんどん低くなる．これは強風の影響である．斜面上には大小の軽石がのっていたが，海抜360mくらいから灰色の流紋岩溶岩に変化した．

山頂部は高原状で，比高30〜50mくらいの丸みを帯びた小山がいくつも点在している．小山は低木や草原におおわれているが，谷間には高さ3〜4mのカクレミノやリョウブが密生している．

2時間ほどで「表砂漠」に到着．真っ白な火山砂やパミスが平坦な谷間をおおい，すばらしい景観をつくる（◆1）．岩塊の間を白い砂が埋めているところは石庭のようだ．砂地にはわずかに植物が生えている．コメツツジ，コウヅシマヤマツツジ（◆2），マルバシャリンバイ，シマタヌキラン（◆3）などで，一部にアカマツの低木が育ち始めている．解説板にはここは838年の噴火口の一つで，まだ草木が茂らないまま残っていると書いてある．

次に「裏砂漠」に回る．こちらも砂地だが，傾斜地なので水の影響を受け，表面は粗砂がおおい，植物は乏しい．平坦な部分まで下がると，細かい砂が地表面をおおうようになり，植物が砂を集めてつくった，高さ1mくらいのマウンドが目立つようになった．大小あわせて20はありそうだ．表面はコウヅシマヤマツツジがおおい，風が当たる側では疎だが，反対側は密生している（◆4）．

地質調査所の報告によれば，天上山は西暦838年，火砕流をだす大噴火をし，天上山の地形・地質は基本的にすべてこのときの噴火でできたものとしている．しかしこの解釈は無理だと考える．乗った船が東側の多幸湾に回ったおかげで，天上山の地質断面を観察することができた（◆5）．海面上300mくらいまでは確かに白い色の火砕流堆積物だが，その上には溶岩の層が天辺まで続いている．下部の火砕流堆積物が838年に出たという火砕流だとすれば，この火砕流の給源は島の北部にあった既存の火山だと推定され，天上山の台地状の山頂部をつくる厚さ200mほどの溶岩は，その後に流出したものだということになる．このように考えると，山頂部をつくる一見，カルデラのように見える平坦地は，実は溶岩台地だということになる．また山頂部にあるいくつもの高まりは，地質調査所では「溶岩じわ」だと考えているが，溶岩にいくつかのタイプがあることから，筆者は838年より後に生じた，小規模な溶岩ドームの可能性もあると考えている．

表砂漠のようなパミス質の火山砂が堆積したところは，他にも白島登山口への下り分岐など何か所かあるが，植物が乏しいことや分布範囲がごく狭いことから，838年の噴火ではなく，数百年前の小規模な割れ目噴火によって生じたものだと推定できる．天上山は838年以来，活動していないとされているが，実は小規模な噴火はあり，それがめずらしい植物を維持してきたといえるのである．

［小泉武栄］

◆ 1 表砂漠　流紋岩質のパミスや火山砂がおおう．

◆ 2 コウヅシマヤマツツジの花

◆ 3 シマタヌキラン

◆ 4 植物が火山砂を集めてつくったマウンド

◆ 4 海上からみた天上山の地質断面　下部は火砕流堆積物，上部は溶岩からなる．

関東近辺

天上山（神津島）

30 白馬岳

北アルプスを代表する雪と岩の山

しろうまだけ
長野県・富山県／標高 2932 m
北緯 36°45′31″東経 137°45′31″

　白馬岳は後立山連峰の北部に位置し，高山植物の宝庫として知られている．地質は中・古生代の堆積岩類や変成岩類と，新生代の深成岩類からなる．隆起の過程で地層は複雑に変形して破断し，脆弱化した（中野ほか，2002）．東面を中心に傾斜30度以上の急斜面が多く，鋭い岩峰もめだつ（◆1）．冬の季節風は日本海をこえてまずこの付近の山々に吹きつけるため，豊かな残雪が生まれ，大量の雪どけ水が生じる．こうした自然環境要素は，地形や植生のなりたちに強い影響を及ぼしてきた．

　最終氷期，白馬岳東面には氷河が何度も発達したと考えられてきた（小疇ほか，1974）．多くの登山者が訪れる白馬村猿倉から登ると，白馬尻までは，ブナやミヤマナラが多いが，これらの木々の中に小さな丘状の地形が点々とあるのがみえる．このことは古くから気づかれ，氷河がつくったモレーンとされてきた．しかし地層中の礫の種類や堆積構造に着目した再調査により，これらの地形の中には地すべりでできたものもあることが判明した（Kariya et al., 2011）．年代も新しく，6000年前ごろのものもあるようだ．そのころ，山麓の活断層が大地震をおこしており，地すべりの引きがねになった可能性もある．

　白馬尻の上部に現れる「大雪渓」は最長約2kmに達する日本屈指の越年雪渓で，氷期には氷河となり，流動していたとみられる．大雪渓の周囲にはシラネアオイやシナノキンバイなど湿性植物の大群落がみられ，雪渓越しの涼風とともに夏山登山の楽しみとなっている．ただし，ここが落石の巣であることも肝に銘じておきたい．雪上の岩片のほとんどは周囲からの落石や，雪上に落ちた石が再びすべったものだ．2005年夏，大雪渓上方にある珪長岩の大岩壁（杓子岳天狗菱）が突如崩れ，その後も毎年のように落石や土石流が起きて登山者の脅威となっている（◆2，苅谷，2008）．

　大雪渓が終わると葱平の急登だ．一帯はシロウマアサツキの宝庫で，地名もそれに因む．急坂を上がりきると雪田植生や高茎広葉草原（◆5）におおわれた圏谷（カール）の底に出る．大雪渓の上には圏谷が2つ残っており，杓子岳側では畝状の岩屑の高まりが目をひく．これは流動を止めた岩石氷河とされている．また，この付近からハイマツもみられるようになる．残念なことに，2009年春，近くのハイマツ群落の火事で枯死した個体も多く，行く末が心配されている（◆3）．

　白馬岳の北側も魅力的な場所だ．山頂を発ってすぐ，左下に鉢ケ岳と長池がみえてくる（◆4）．鉢ケ岳の西面では現在も年間数十cmの速さで動く周氷河性の岩屑がハイマツ群落に突っこみ，互いに拮抗している様子がみられる（小泉，1993）．最近，長池一帯が巨大地すべり地であることが判明した．弓なりの丘や凹地は地すべりに特徴的な微地形である．これら地表の起伏は積雪分布を複雑化し，土壌水分や地温，植物の生育期間を規定して複雑な植生モザイクをつくりあげる（Kariya et al., 2009）．日本の高山の典型ともいえる長池周辺の風景の根源は，その一部を巨大地すべりが担っているのである．

［苅谷愛彦］

◆1 小蓮華山からみた白馬岳 左が東面で，緩やかな西面と非対称山稜をなす．

◆2 上部からみた真夏の大雪渓 中央に横たわるのは白馬岳側から流下した土石流堆積物．2005年以降，大雪渓では土石流が多発している．

◆3 山火事にあったハイマツ群落 人物は学術調査関係者．

◆4 白馬岳からみた鉢ケ岳と長池

日本アルプス

白馬岳

31 劒岳

日本一の岩峰

つるぎだけ
富山県/標高 2999 m
北緯 36°37′24″ 東経 137°37′01″

　三角点設置に困難を極めた劒岳．2009年に公開された映画『劒岳 点の記』は，明治時代に進められた三角点網設置の残された空白域であった劒岳一帯での，測量手柴崎芳太郎たちの苦闘の様子を描いた．この映画で地形図作成が国家の一大プロジェクトだったことを初めて知った方も多いだろう．240万人ともいわれる観客には劒岳の険しい山容が強烈な印象として残った（◆1）．

　劒岳は飛騨山脈北西部の立山連峰北部に位置する．その険しい山体をつくるのは1億9000万年前の毛勝岳花崗岩．径2cmをこえる大粒の長石を含む花崗岩で，地下数kmの深さでマグマがゆっくりと冷却し結晶化した岩石だ．こうした結晶粒の粗い花崗岩は風化作用を受けやすく，マサと称される砂状の物質に変化してしまう．とりわけ寒暖差の大きい山岳地域ではマサ化の進行は早く，10年単位で稜線の地形が変わってしまうほどである．劒岳の南，立山に近い真砂岳も稜線がマサでおおわれている様子から命名されたものらしい（◆2）．

　真砂岳と劒岳，同じ花崗岩からできた山がどうしてここまで形態が違うのか？　険しい劒岳八ッ峰の岩峰群（◆3）も期待していた堅い花崗岩ではなく，風化の進行しつつある花崗岩だった．大学院生であった内記慧君とともに悩んだ末にアイデアがひらめいた．別山乗越から劒岳山頂にいたる別山尾根沿いには細粒の閃緑岩が露出している．このことが重要なポイントなのだ．花崗岩と同時代の岩石ながら，細粒閃緑岩は寒暖差で生じる風化（機械的風化作用）にはめっぽう強いために侵食されるスピードが遅く，その露出域は尾根や山頂として残される．細粒閃緑岩は侵食にあらがって周囲よりそびえたつために必要不可欠な存在だったのである．山岳氷河の発達した6万年前と2万年前にはすでに劒岳は周囲より高い山としてそびえており，その急斜面には懸垂氷河が形成された．この懸垂氷河の侵食作用が八ッ峰や源治郎尾根の氷食尖峰群を彫刻したのだ．

　劒岳は標高2500m付近が森林限界となっている．森林限界より上部は岩壁と岩峰の連続で，土壌に乏しく風雪にさらされる苛酷な環境である．わずかな緩斜面にはハイマツが繁茂し，さらにガレ場や岩の隙間にはイワウメ，イワツメクサ，イワベンケイ，コケモモ，チシマギキョウ，ツガザクラ，ミヤマダイコンソウなどの高山植物が生育している（◆4）．2万年前以降の温暖化に伴い，低山に生育していたこれらの植物は冷涼な高山地帯に生活の場を求めたのである．その姿にいじらしさを覚えるのは筆者だけではないだろう．

［原山　智］

◆ 1 残雪の劔岳

◆ 3 八ッ峰の岩峰群

◆ 2 真砂岳から別山，剣岳を望む 真砂岳や別山の稜線が花崗岩のマサ（砂状風化物）でおおわれるのに対し，剱岳は同じ花崗岩が風化に耐えて岩壁や岩峰群を形作っている．

◆ 4 オオツガザクラ

日本アルプス

劔岳

32 日本にも現存していた氷河
立山
たてやま
富山県／標高 3015 m
北緯 36°34′33″東経 137°37′11″（大汝山）

　立山は日本で最も北に位置する 3000 m 級の山岳で，雄山（3003 m），大汝山（3015 m），富士ノ折立（2999 m）の 3 つのピークを総称して「立山」とよんでいる．立山は日本海に近く冬季の北西季節風をまともに受けるため日本有数の多雪地帯になっていて，この多雪は立山黒部アルペンルートの「雪の大谷」のように観光資源にもなっている．この多雪環境は 6 万年ほど前の最終氷期前半にも維持されていたようで，当時は室堂平から天狗平一帯をおおいつくすような氷原氷河や立山主稜から黒部川に達するような大規模な谷氷河が発達した（深井，1975；Kawasumi, 2003）．

　この立山の西面，雄山から大汝山の中腹にはスプーンでえぐったような形の大きな凹地がある．この凹地が山崎圏谷（カール）である（◆1）．山崎圏谷は 1904（明治 37）年に日本の氷河地形研究の礎を築いた山崎直方によって発見された．山崎圏谷という名前は 1925（大正 14）年山崎の死後，弟子で旧制富山高校（現富山大学）教授の石井逸太郎によってつけられている．

　この圏谷は終戦直前の 1945（昭和 20）年 2 月に石井と東京帝国大学理学部地理学教室教授の辻村太郎の尽力によって国の天然記念物に指定された．文化庁の国指定文化財等データベースには天然記念物選定の理由として「室堂の邊より明瞭に觀察せられ我が国に於ける此の種の地形として最も著しきものの一なり」と記されている．圏谷地形としては奥行きがないため（◆2）「最も著しきものの一なり」という点はあやしいものの，室堂から目につきやすく一般の人が認識しやすい数少ない氷河地形という点では，天然記念物としての価値を十分もっている．

　この山崎圏谷のちょうど裏側，立山東面には山崎圏谷よりもはるかに深く削りこまれた圏谷壁をもつ御前沢圏谷が存在する．この御前沢圏谷の底には長さ 700 m，幅が最大 200～300 m に達する立山最大の多年性雪渓，御前沢雪渓がある（◆3）．

　この御前沢雪渓の下流部には，厚さ 30 m，長さ 400 m に達し氷河と同じような層構造をもつ巨大な氷体がある．秋の終わりごろになると，雪渓表面には氷体が一部露出し，融け水が氷体上を流れてムーランという縦穴に流れこみ，あたかも氷河の消耗域と同じような景観が現れる（◆4）．2010 年と 2011 年の秋に行われた高精度 GPS 観測の結果，御前沢雪渓の下流部の氷体は，秋の 1～2 カ月間に 10 cm 程度下流に向かって流動していることが確認され，剱岳の小窓雪渓，三ノ窓雪渓の氷体とともに，日本で初めて現役の「氷河」として認められた．ヒマラヤやアルプスのような高い山がなく気候が温暖な日本に，現役の氷河が存在していたことに，多くの方が驚いたようだ．

　なお，立山は氷河の山であると同時に火の山でもある．弥陀ケ原は 10 万年前に立山火山（当時，立山カルデラ内に存在）が噴出した溶結凝灰岩からなる台地で，その上にはタテヤマスギの森と高層湿原（ラムサール条約湿地）が成立している（◆5）．室堂平北西部の地獄谷では，現在でも活発な噴気活動や多数の温泉がみられる．．

［福井幸太郎］

◆ 1　山崎圏谷

◆ 2　山崎圏谷と御前沢圏谷の奥行きの比較　写真中央上のピークが立山の主峰の雄山．写真左にある御前沢圏谷の方が右にある山崎圏谷よりも深く山体が削られていて奥行きがあることがわかる．

◆ 3　御前沢雪渓

◆ 4　御前沢雪渓にみられるムラン

◆ 5　弥陀ケ原の高層湿原

日本アルプス

立山

33 槍ケ岳

飛騨山脈を代表する氷食尖峰はピサの斜塔？

やりがだけ
長野県・岐阜県/標高 3180 m
北緯 36°20′31″東経 137°38′51″

日本のマッターホルンと称される槍ケ岳．どこからでもそれと指させる尖峰は，6万年前と2万年前に発達した山岳氷河により四方から削り込まれた地形である．東西南北の鎌尾根（アレート）の集合する氷食尖峰（ホルン）は北アルプスの盟主ともいうべき存在である．

ところで槍ケ岳の尖峰，高さ約100 mの穂先を南方の大喰岳や中岳から眺めると東にかなり傾いている印象を受ける（◆1）．きれいな三角形のシルエットなのだが，その頂点から二等分線を引いてやると明らかに東に傾いているのである．穂先東側部分の傾斜が急で，左右のシンメトリーが成り立っていない．傾いているのは山頂部（親槍＝大槍）だけではない，「アルプス一万尺」の歌で知られる小槍（子槍）や孫槍・曾孫槍すべてが東に傾いているのである（◆2）．この原因を調べていくと，季節風により東側に運ばれた雪による侵食作用で生じたとされる，非対称稜線の成り立ちだけでは説明できない事実も見つかってきた．

今から175万年前，槍穂高連峰は巨大カルデラ火山であった．槍ケ岳穂先の岩盤は凝灰角礫岩，つまり噴火の際に破壊した周囲の岩石の破片を含む火山灰が固結してできた岩石からなる．親槍や子槍に発達する縦クラックはカルデラ内で火山灰が固結冷却する際にできた冷却クラックというわけだ．もともと垂直だったクラックは，140万〜80万年前に生じた隆起運動に伴い東に約20°回転した．西に傾いたクラック面は，氷河や凍結破砕による侵食作用の過程で重要な役割を果たすことになる．クラック面がオーバーハングする東側斜面は逆層となり，岩盤剥離と崩落を繰り返すことで急斜面を形成していく．西側斜面はそのクラック面に沿った剥離・滑動を生じ東側より緩やかな傾斜面を形成することになる．ピサの斜塔のような進行形ではないが，北アルプス版ピサの斜塔＝槍の穂先の成り立ちである．

最もポピュラーな槍沢登山道の途中にあるババ平一帯は，日本で最も美しいU字谷（6万年前の山岳氷河による）といわれ，ここから視界は大きく開けてくる．大曲より上部，ハイマツやナナカマドの低木の間にひろがる草原はシナノキンバイ，チングルマ，キバナシャクナゲなど高山植物の宝庫だ．槍沢上部のグリーンバンド（ベルト）と称される部分はハイマツの繁茂する帯状の小丘からなるが，これもまた2万年前の氷河の末端に形成されたモレーン地形である（◆3）．10月初旬，槍沢から別れ天狗原にいたる登山道沿いではナナカマドの紅葉が最盛期を迎え，ハイマツの緑とのコントラストに装飾された槍ケ岳は一段と際だっていた．

［原山　智］

◆1 東に傾く槍ケ岳の穂先

◆2 小槍付近の東傾斜の冷却クラック

◆3 天狗原から望む槍ケ岳と槍沢に残されたモレーン地形

日本アルプス

槍ケ岳

34 穂高岳

175万年前の火山活動がつくった飛騨山脈の最高峰

ほたかだけ
長野県・岐阜県/標高 3190m
北緯 36°17′21″ 東経 137°38′53″（奥穂高岳）

　日本最大のカール，涸沢は穂高連峰（前穂高岳・奥穂高岳・涸沢岳・北穂高岳）にぐるりと囲まれた絶好の登山ベースである．涸沢カールの周囲には鋸歯状岩稜をなす前穂高北尾根（◆1），複合カールの境界をなすザイテングラート，カールの壁をよじ登る北穂高南稜など氷河による侵食作用の痕跡が残されている．

　穂高連峰の岩稜はすべて175万年前のカルデラ火山岩類からできている．火山岩類は溶結凝灰岩と閃緑斑岩で構成され，後者はザイテングラートから吊尾根を経てジャンダルム，西穂高へと連なっている．これはカルデラ内の火山岩中にほぼ水平に侵入してきたマグマが固結したもので，柱状のクラック（冷却節理）の発達が著しい（◆2）．

　カルデラを埋積した大量の火山灰が600℃をこえる高温状態で緻密な溶結凝灰岩となったことは，1970年代にいたってようやく理解された．奥穂高岳山頂付近の岩盤にも火山灰中の軽石が溶結に伴って扁平化した様子が観察できる（◆3）．こうした火山灰は繰り返す噴火で発生した火砕流によって運ばれており，カルデラ内はもとより高山市街地一帯，御嶽北麓，松本盆地の各所に当時の火山灰が残存している．それらの火山灰の総量は700 km^{3}に達し，地球上でも最大規模の超火山であったことが判明している．前穂高岳東壁や南岳獅子鼻の壁に現れた縞模様は，繰り返し発生した火砕流堆積物が重なった様子をよく示している（◆4）．

　140万〜80万年前に激化した飛騨山脈の隆起は，水平軸回転を伴う傾動運動であった．南岳獅子鼻の縞模様が東に20°ほど傾斜するのは，本来水平に堆積した火山岩層が傾動隆起により傾いたことを示している．

　穂高連峰の地形を構成するのは岩稜や岩壁，堆石や崖錐などの岩屑斜面であり，植物の生育にとっては苛酷な環境である．しかし，6万年前と2万年前に訪れた寒冷期には氷と岩の世界だったこの地も，その後の温暖化により冷涼を好む高山植物の避難場所となった（◆5）．

　上高地大正池で最近掘削された300mボーリングは，2万年前には高山植物などの繁茂する高山帯が標高1500mの上高地の一帯にあり，その後6000年前までの温暖化により落葉樹林帯へと変化していったことを明らかにしつつある．焼岳の火山活動による堰止めで形成された湖が5000年以上にわたって堆積物を残し，そこには山岳環境の変遷が花粉や珪藻などといった微小な化石によって記録されている．2万年前以降，現在までに森林限界は1000m以上上昇しており，山岳域の環境は他のどの地域よりも鋭敏で激しい変化を起こしていたのである．

［原山　智］

◆1 **前穂高岳北尾根** 氷河の侵食でできた典型的な鋸歯状岩稜.

◆2 **穂高岳ジャンダルム** 冷却クラック（柱状節理）が発達する閃緑斑岩は，カルデラ火山岩層の中に侵入してきたマグマが固結したシート状岩体である.

◆3 **穂高連峰を構成するカルデラ埋積火山岩** 火山岩のほとんどがデイサイト質溶結凝灰岩からなり，火山灰中にあった軽石は溶結作用により扁平化している.

◆4 **北穂高から望む南岳獅子鼻のカルデラ埋積火山岩層** 東に20°傾斜する縞模様は，もともとカルデラの中で水平に堆積した火山岩層が，140万〜80万年前に生じた激しい隆起運動の際に傾きながら上昇したことを示す．手前は大キレット.

◆5 **北穂高岳-涸沢岳間の岩稜に咲くイワギキョウとイワツメクサ**

35 乗鞍岳

信州を代表する巨大火山

のりくらだけ
長野県・岐阜県/標高 3026 m
北緯 36°06′23″ 東経 137°33′13″（剣ケ峰）

　乗鞍岳は北アルプスの南端に続く半独立性の火山で，4つの火山体と20をこすピークからなる．山容はなだらかで，やさしく，山上の散策を楽しむのに適している．畳平のバスターミナル付近こそにぎわっているが，少しはずれたところには昔のままの自然がよく残されているから，そういうところを探して歩くのもお勧めである．

　この火山は更新世初期に活動を始め，更新世の末期から完新世初頭（約1万年前）に現在の姿になった．山体の形成は北から南へと進み，烏帽子火山群，鶴ケ池火山群，摩利支天火山群，一ノ池火山群（乗鞍本峰）の順番にできあがってきた（◆1）．形成の時期が新しいため，火山体の侵食は進まず，全体として丸みを帯びた峰がいくつも並んでいる（◆2, 3）．

　植生は1800 m以上が亜高山帯に相当し，シラビソ，オオシラビソを主とする針葉樹林になっている．森林限界は2400 m付近とかなり低く，火山の緩斜面上で直接ハイマツ帯に移行するため，ダケカンバやミヤマハンノキなど移行帯の落葉樹は分布が限られる．高山帯ではハイマツが卓越するが，強風地には風衝草原や移動礫原の植物群落が現れる．

　乗鞍本峰は剣ケ峰（3026 m）を中心とした成層火山で，火口湖である一ノ池をとりまくように3000 m前後の峰が並んでいる．ここから高天原にかけては新期の火山活動や周氷河作用のために火山性の砂礫地や崩壊地ができ，そこにコメススキやイワツメクサ，イワスゲが分布する（◆4, 5）．また砂礫地にはみごとな条線状構造土もあって（◆6），そこにコマクサやタカネスミレが分布する．一方，溶岩が流れ下ってできた位ケ原や皿石ケ原の平坦な溶岩台地ではハイマツが溶岩を覆って，広大なハイマツの海をつくる（◆7）．

　一つ前に活動した火山が摩利支天火山で，不消池を中心に火山活動が行われた．不消池は火口湖でその周囲を摩利支天岳などいくつかの峰が囲んでいる．ここでは火山礫地はほとんどみられなくなり，気候条件に対応した植物群落が観察できる．冬でも雪のつかないような強風地にはコメバツガザクラやミネズオウ，イワウメなどの矮低木と，チシマギキョウなどの草本がみられる．雪田の周辺では群落に多様性がみられ，植物の種類も豊富である．融雪後，土地が早めに乾燥してしまうところではアオノツガザクラ，チングルマなどが分布するが，流水の通路に近い場所や凹地内のような，比較的湿った環境が保たれやすいところではミヤマキンバイ，ハクサンイチゲ，クロユリなどの草本が主となり，さらに多湿な環境ではショウジョウスゲやイワイチョウを主とする湿性草原が発達する．

　摩利支天岳はほとんどハイマツに覆われるが，足元をよくみながら歩くと，みごとな火山弾をみつけることができる．この山の北東側にはカール状の地形があり（◆8），かつてはこれを氷河地形とみなす考えもあった．しかし現在では雪食地形と考える専門家が多いようである．　　　［小泉武栄］

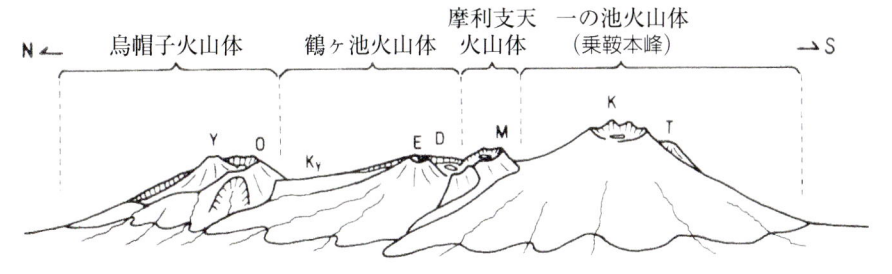

◆1 乗鞍岳の成り立ちを示す概念図（牛丸，1969の図を一部改変）Y：四ツ岳，O：大丹生岳，Ky：枯梗ケ原，E：恵北須岳，D：大黒岳，M：摩利支天岳，K：剣ケ峰，T：高天ケ原．

◆2 剣ケ峰からみた富士見岳と北アルプス　背後は穂高岳．左手の低いピークは焼岳．

◆3 摩利支天岳　山頂に戦時中に建設されたコロナ観測所がある．手前下は宇宙線観測所．

◆4 コメススキ・イワツメクサ群落　剣ケ峰と高天原の鞍部付近．

◆5 大黒岳北方の平坦な火山荒原

◆6 条線状構造土　剣ケ峰付近．

◆7 位ケ原のハイマツの海

◆8 カール状の地形　左手の山は摩利支天岳．

36 御嶽

崩壊と噴火を繰り返してきた火山

おんたけ
長野県・岐阜県/標高 3067 m
北緯 35°53′34″ 東経 137°28′49″（剣ケ峰）

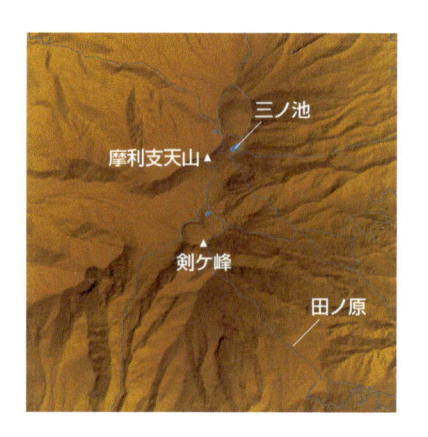

　10万年前，御嶽は突然，大爆発を起こす．火砕流の発生により山体の上部は陥没して，直径約5kmのカルデラが生じた．この爆発で噴出した軽石は遠く房総半島まで達し，御嶽第一軽石層（PmI）の名で知られている．8万年前，カルデラを埋めるように新しい火山が成長しはじめ，4万2000年前には，剣ケ峰から摩利支天山を経て継子岳に至る，摩利支天火山が活動を始めた（◆1）．一ノ池，二ノ池などは噴火口で，最も新しい三ノ池（◆2）は2万年前に生まれている．新期の火山活動はこれで終了したが，1979年，2万年ぶりに爆発して私たちを驚かせた．また直後の84年には直下で地震が起こって大きな崩壊地が生じた．

　ただ2万年間おとなしくしていたはずだが，実際にはいたるところで新しい噴火の影響を認めることができる．たとえば，王滝口では2400m付近でシラビソの林からハイマツ帯に移行する．この森林限界は，気候的に推定される高度よりも400mくらい低いが，これは斜面上を流れ下ってきた溶岩のせいである．

　少し登ると，田ノ原の駐車場の背後にある三笠山がみえてくる．この山の森林は，手前の平坦地の森林に比べて色調が明らかに濃い（◆3）．三笠山は御嶽の古期外輪山に当たる山で，10万年前の山体崩壊から辛うじて残った山体の一部である．遷移が進み，溶岩の上にみごとなシラビソ林ができている．一方，手前の平坦地には湿原ができ，その周囲にハイマツやコメツガが生育している．

　八合目の金剛童子像のあるあたりでは真っ黒な溶岩が露出している．王滝頂上直下にいたると，オンタデやイワツメクサ，コメススキなどが優勢になってくる（◆4）．地表は溶岩層のかわりに直径30〜50cmくらいの礫がごろごろする場所に変わった．これは王滝頂上付近でおこった小噴火によってもたらされた火山礫で，植生から考えると，数百年以内に噴火がおこった可能性が高い．

　剣ケ峰への登りは，強風と79年の噴火の影響を受けて植物は乏しい（◆5）．しかし剣ケ峰をこえて二ノ池小屋の周辺までは，先駆植物だけでなく，より進んだ段階の群落も分布し，ところどころで新旧の小規模な噴火があったことがわかる．分布する植物は，イワスゲ，ガンコウラン，クロマメノキ，ミヤマクロスゲ，ミヤマダイコンソウ，アオノツガザクラなどで，二ノ池小屋の下方にはハイマツ群落が広がる．サイノ河原の北側には，摩利支天山がそびえるが，その東には比高30mほどの尾根が続いており，その尾根に登るなだらかな斜面上の砂礫地で，コマクサが咲いているのをみた（◆6）．砂礫地は，直径2,3cmから10cm程度のよく発泡した薄茶色のスコリアからなり，周囲の安山岩の岩塊や大きな礫が表面をおおう場所とは明らかに異なっている．スコリアからなる砂礫地の分布は，サイノ河原の北東部のごく一部に限られ，このことから考えると，摩利支天山から伸びる尾根の上で小さな爆発があり，周囲にスコリアをまき散らしたということのようである．

［小泉武栄］

◆1 **御嶽全景** 剣ケ峰頂上から北を望む．右手の凹みが三ノ池．右手遠景の山は乗鞍岳．

◆2 **三ノ池**

◆3 **三笠山** 駐車場（田ノ原）の背後の山．

◆4 **オンタデ・コメススキ群落** 王滝頂上の直下．

◆5 **王滝頂上から望む剣ケ峰** 植被の乏しい砂礫地が広がっている．

◆6 **コマクサのある砂礫地**

日本アルプス

御嶽

37 木曽駒ケ岳

花崗岩がつくる多様な地形と植生

きそこまがたけ
長野県/標高 2956 m
北緯 35°47′22″東経 137°48′16″

「わー，きれい」「来てよかったねえ」ロープウェイで千畳敷カール（◆1）に着いた観光客が喜びあっている．カールというのは氷期の氷河の侵食で馬蹄形にえぐられた地形のことで，頂上までは標高差で三百数十 m の登りだが，頂上まで行かなくても，カールの中の高山植物の群落を見て歩くだけで十分楽しめる．ただ近年は観光客が増え，シーズン中はロープウェイの 3 時間待ち，4 時間待ちがめずらしくない．高山植物の踏みつけなどのオーバーユースも問題になっている．

木曽駒ケ岳はほぼ全山が花崗岩でできているため，白馬岳のような複雑な地質からなる山と比べると，自然のつくりは単純である．しかし花崗岩の中にも，割れ目が多く岩盤が緩んだところと，割れ目が少なく硬い岩盤からなるところといった違いがあり，それぞれの場所にできる自然は大きく異なる．◆2 は宝剣山荘付近から南に続く稜線を望んだものだが，砂礫地とハイマツにおおわれた高まりが交互に分布しているのがみえる．中央にある平坦地は極楽平で，ここは岩盤が緩んだところに当たっており，岩屑生産があるため，砂礫地になっている．ここは一見，植物が乏しそうにみえるが，イワウメや固有種・ハハコヨモギなどが点々と生育している．一方，その前後は高まりになっており，ハイマツがそこをおおっている．ここは硬い岩盤に当たっており，その分侵食が進まず，高まりになった．ただハイマツの下には岩塊があって，氷期には凍結破砕作用によって岩塊が生産されていたことがわかる．

岩盤が硬いか緩んでいるかは，千畳敷カールの内部の地形にも影響している．現在，カールの中には小さな扇状地のような地形がいくつもみられる（◆3）．これを沖積錐とよび，岩屑が豪雨の際に運ばれ，堆積してできた地形である．◆3 の沖積錐ではミヤマハンノキが優勢だが，◆4 に示したようなお花畑になっているところが多い．沖積錐の上部は，周囲の切り立った壁に生じた谷筋につながり，そこは壁の中では割れ目が多く岩盤が緩んだ部分に当たっている．そこから岩屑が供給され，それが堆積して沖積錐をつくるわけである．

次にめずらしい地形を紹介しよう．中岳と本岳の間にある宮田小屋から，濃ケ池に向かう登山道があるが，その両側には階段状になった地形がある（◆5）．この地形を階段状構造土とよんでいる．階段の前面には風衝草原ができ，そこにはオヤマノエンドウ，トウヤクリンドウ，チョウノスケソウなどのほか，固有種のヒメウスユキソウ（◆6）が生育している．

テント場からさらに下方の雪食凹地の内部には，◆7 に示した，石畳のような地形ができている．これは，残雪の圧力によって岩塊や大きな礫が平らな面を上に向けるよう配列したものでペーブメントとよび，日本では 2 か所しか知られていない．現在は立ち入り禁止地区になっているので，観察したい人は森林管理署の許可をとっていただきたい．

［小泉武栄］

◆1 千畳敷カール

◆2 稜線沿いの砂礫地の分布

◆3 沖積錐　ミヤマハンノキが生育している.

◆4 沖積錐の植生

◆5 階段状構造土

◆6 ヒメウスユキソウ（エーデルワイスのなかま）

◆7 ペーブメント

日本アルプス

木曽駒ケ岳

38 甲斐駒ケ岳

日本アルプスでいちばん代表的なピラミッド

かいこまがたけ
山梨県/標高 2967 m
北緯 35°45′29″ 東経 138°14′12″

　甲斐駒ケ岳は「日本アルプスでいちばん代表的なピラミッド」（深田久弥）の形容で知られ，「日本十名山に入る名峯」との記述もある．甲斐駒ケ岳は赤石山脈の北東端にやや独立するかのように位置し，孤高の様相を感じさせる山である．遠方からは甲府盆地東端の勝沼あたりから端正なピラミッドがみえるようになる．甲府の街では北西向きのどの小路の奥にも現れ，厳然とした冬の山姿は，街に大きな魅力を与えている．標高は 2967 m．山頂には石の祠があり，多くの石仏がその歴史を示している．文政年間の開山といわれる信仰の山である．

　その山容は花崗岩体とそこに発達している節理が決定的に重要である．この山はどの方向からみても，山容を構成する直線的な斜面と谷の組み合わせからなる．つまり"ピラミッドの稜"や南面の巨大な突起・摩利支天は，互いにクロスする節理系によっているといえよう（◆1）．

　釜無川に面する北東側の急斜面（黒戸尾根）は，むしろ急崖というべきで，高度差は 2300 m に及ぶ．この急崖と高度差は，いわゆるフォッサマグナの西縁を限る糸魚川－静岡構造線の断層運動に起因する．北方の富士見～諏訪湖あたりでは顕著な右横ずれ断層は山麓をやや離れ，南方では夜叉神峠をこえて山中を通るものの，いずれも断層崖そのものが甲斐駒ケ岳のように直接山体を限っているわけではない．フォッサマグナを着想したのは，明治初期にお雇い教師として東京大学などに招かれた 20 歳の青年 E. ナウマンである．彼は碓氷峠をこえて浅間山に登ったのち，千曲川の谷をたどって南下したが，清里付近で眼前に展開する風景に釘付けになった．右手からのびる八ケ岳火山の向こう側はまさに"壁"のように立ちはだかり，甲斐駒ケ岳が居座っていたのである（◆2）．

　いっぽう，甲斐駒ケ岳の南西側には，北沢峠からシラビソの樹林帯と北沢の河原をたどり，仙水峠を経るゆったりした山岳景観が展開する．斜面一面をおおって大小の岩礫が重なり，岩礫の間に生育しているシラビソやカラマツはいずれも矮小でいわゆる偏形樹となっている（◆3）．岩塊斜面の末端付近にはハイマツ群落があり，かつて垂直分布帯の逆転の典型と見なされたこともあった．しかし現在では岩塊斜面という特異な地形条件がもたらした分布だと見なされている．仙水峠について，本多勝一は"仙水峠は，南アルプスのなかでは三伏峠と並んでもっとも美しい谷"と書き，「いかにも「峠」というわれわれの概念にふさわしい」という深田久弥の記述も引用した．深田が仙水峠から甲斐駒ケ岳に登ったのは 1939（昭和 14）年，本多の登山は 1982（昭和 57）年で，論議をよんだスーパー林道がその夏の台風・豪雨によって寸断されて間もない時期であった．先立つ 1926（大正 14）年 3 月，北沢をベースに積雪期の白根三山をスキー登山した桑原武夫，西堀栄三郎ら三高生の記録も素朴な，しかしエネルギーに溢れた当時の若者の山行を偲ばせる．

　甲斐駒ケ岳とその周辺は甲斐駒ケ岳の山岳としての魅力だけにとどまらず，周辺の自然全体のありようが，日本の山岳文化史に足跡を残してきたといえるだろう．

［平川一臣］

◆1 **茅ケ岳（深田久弥終焉の山）から望んだ甲斐駒ケ岳** E.ナウマンがフォッサマグナを着想した清里に近い位置からの眺望．手前は八ケ岳岩屑流（韮崎泥流）の台地と塩川，釜無川の谷．

◆2 **仙丈ケ岳からの甲斐駒ケ岳** ◆1の反対側．この西面でも山容の概形は節理系によることを示す．

◆3 北沢峠の岩礫斜面と疎らな矮性の樹木

日本アルプス

甲斐駒ケ岳

39 高山の自然の仕組みを教える偉大な前山
鳳凰三山
ほうおうさんざん
山梨県/
薬師ケ岳（標高 2764 m/北緯 35°41′46″ 東経 138°18′42″）
観音ケ岳（標高 2840 m/北緯 35°42′06″ 東経 138°18′17″）
地蔵ケ岳（標高 2764 m/北緯 35°42′44″ 東経 138°17′55″）

　鳳凰三山は，甲府盆地の北西縁〜八ケ岳南西麓を限るように大きく立ちはだかっている（◆1）．釜無川の河谷と野呂川（早川）の谷を分ける分水嶺をなし，北は甲斐駒ケ岳，南は夜叉神峠を経て巨摩山地・櫛形山へと続く．薬師，観音，地蔵の三つ高みは，わずか2 kmほどの間にあり，それぞれが独立した山体をもつわけではない．鳳凰三山あるいは単に鳳凰山とひとくくりにされるゆえんだが，やはり薬師ケ岳（2764 m），観音ケ岳（2840 m），地蔵ケ岳（2764 m）と呼びたい．鳳凰三山は，その位置のゆえに南アルプス（白根三山）の"前衛の山"とみられやすい．しかし，それにしては，たとえば甲府の市街のどこからみても正面に聳え立ち，北岳と間ノ岳の大半を隠してしまうだけでなく，山容そのものが前衛というにはあまりに大きく，立派である．鳳凰三山が与える甲府盆地との高度差感覚は，たとえば松本平から常念岳を観望したときより圧倒的に雄大である．

　この大きさは，フォッサマグナ西縁の位置と糸魚川-静岡構造線の断層運動にかかわっているにちがいない．鳳凰三山はいずれも甲斐駒ケ岳とひとつづきの花崗岩体からなる．しかし，この花崗岩体に張り付くように新第三紀の地層が分布し，それらが鳳凰三山から東〜南へ連続して広がる巨摩山地を構成している．だから，孤立峰的な甲斐駒ケ岳ほどには，鳳凰三山の範囲・境界は明確ではない．この新第三紀層は，もともと南方のフィリピン海プレートにのる伊豆-小笠原島弧の一部であったのだが，1500万年前頃に日本列島に衝突し付け加わった（付加体とよばれる）．衝突はその後も現在に至るまで続いて，巨摩山地の後，丹沢山地や伊豆半島が付加された地史はかなり一般に知られるようになった．鳳凰三山（花崗岩）と巨摩山地（付加した第三紀層）の境界をなす糸魚川-静岡構造線の断層の活動はここではもはや活発ではなく，巨摩山地山麓すなわち甲府盆地西縁に移った．それでも巨摩山地との間におよそ1000 m近い断層崖の落差を残している．御座石鉱泉から燕頭山への直登は，その断層崖を体験する山行である．

　鳳凰三山の山稜あたりの地形景観は，"花崗岩のトアと構造土"とか"自然のつくった石庭"などと記される．トアは，花崗岩に発達する大小の割れ目・節理に沿って風化が進んだ，形態も大きさもさまざまな岩塔の群れである（◆2）．地蔵岳のシンボル的なオベリスクはたくさんの岩石を積み上げたかのようにみえる（◆3）．それは，節理の規模・間隔・方向などが絶妙に相互に効いて産み出された山稜のオブジェのようなものと見なすことができる．鳳凰三山は，甲斐駒ケ岳と同じ花崗岩体でも，節理の構成と密度の違いがまるで異なる山岳景観を導いている．風化は節理に沿ってだけでなく，トアの表面からも細かい石英や長石の粒（マサ（真砂）土）を不断に産み出し砂礫の斜面をつくっている．冬季の凍結・融解にかかわる機械的破砕や夏季の水・熱にかかわる膨潤が，

◆1　釜無川河谷をはさんで対置する茅ケ岳からの鳳凰三山

◆2　地蔵岳に屹立するオベリスク　節理間隔と風化作用が産み出した自然の"彫刻".

◆3　冬季に頻繁に繰り返される凍結・融解作用による条線模様

日本アルプス

鳳凰三山

その主要なプロセスだろう．凍結・融解はトアから斜面下方へと広がる砂礫の斜面にも効果的に働き，あたかも人が箒で引いたかのような縞状の模様・条線土を発達させる（◆4）．その結果，トア，さらにはハイマツの緑と相まって，雲上の石庭のような景観を演出する．とはいえ，そのような景観がみられるところは，ほぼ薬師岳周辺に限られる．ここでは，平滑な斜面が野呂川の谷へ向かって伸びやかに傾き下がる．ハイマツに覆われたこの緩斜面は，現在よりも広範囲に凍結・融解プロセスが働き，条線模様を描いていた時期があったことを教えている．

鳳凰三山は，高山植物の固有種・ホウオウシャジンとタカネビランの分布でも知られる．ホウオウシャジンは，隣り合うトアの境や節理そのものの割れ目に根を張っている．いっぽうタカネビランは剥がれ落ちてトアの脚部に堆積した砂礫に生育することが大半である．すなわち，花崗岩の節理（密度）と風化作用が，その生態に大きく関与しているにちがいない．前衛的な鳳凰三山の山塊の高度・位置の条件と相まって，固有種・ホウオウシャジンをもたらしたのではなかろうか．

地蔵岳，観音岳の稜線は，痩せている．とりわけ西側の野呂川の河谷は深く，稜線から水平距離にしてわずか2 km強で1500 m近い落差がある．その急斜面に発達する支谷頭が一気に鳳凰三山の稜線にまで達して，活発な崩壊の最前線を成していることがその原因である（◆5）．未だ崩壊前線が達していない薬師岳あたりの平滑な緩い斜面はむしろわずかに残っている"化石地形"であって，現在の鳳凰三山の稜線の地形を形成しているのは，崩壊-土石流-流水の作用のほうが圧倒的に大きい．地蔵岳の東面直下には，小さなカール？と思わせるような凹みの地形があり，山頂近くにしては厚い堆積物を溜めている．1982年8月豪雨の際には，この凹みのあちこちで深いガリーがまさに一夜のうちに掘られ，稜線付近でも突発的な流水の作用が大きな地形変化を引き起こすことを実証した（◆6）．とはいえ，東側斜面の多くは風上側であっても稜線までダケカンバを主とする樹林におおわれている．西側の荒々しい崩壊斜面との非対称性も，稜線の観察者の目に止まる現象であろう．

要するに，鳳凰三山は稜線付近で現在も活発に働いている多様な地形形成作用と，それに応答するさまざまなスケールの地形現象-植生分布に特徴があるといえよう．

芦安～夜叉神峠～広河原を結ぶ野呂川林道が開通した1962年以前，白峰三山，とくに北岳，バットレスへ至るには，この大きな鳳凰三山を越えて行かねばならなかった．JR中央線の日野春駅から釜無川の谷へ降り，延々と小武川の深い谷を遡った後に鳳凰三山（地蔵岳）への急登が待ち構えていた．そこから白鳳峠を経てようやく広河原に達することができた．登山者にとってはそういう山でもあったことを付言しておきたい．

［平川一臣］

◆6 地蔵岳東面の凹地に発生したガリー

◆4 薬師岳からみる観音岳西側のトアとマサ土の斜面

◆5 観音岳から地蔵岳の主稜線　西側は崩壊が山稜に及ぶいっぽう，東側はダケカンバ，シラビソなどにおおわれている．

日本アルプス

鳳凰三山

40 動き易きこと山の如し

北岳
きただけ
山梨県/標高 3193 m
北緯 35°40′28″東経 138°14′20″

間ノ岳
あいのだけ
山梨県・静岡県/標高 3189 m
北緯 35°38′46″東経 138°13′42″

　晴れた日に，甲府盆地から周囲を見上げると，日本の標高四傑のうち三座が視界に飛び込んでくる．南の空に突き刺さる最高峰富士山，そして西方の奥にどっしりと構える南アルプスの両横綱，北岳（第2位）と間ノ岳（第4位）である（◆1）．この二峰，水平距離では4 kmと近接しているが，対照的な山容をみせる．北岳は南北から眺めると端正なピラミッド形を示すが，間ノ岳はどの方向からみても緩やかなドーム形をしている（◆2）．その外見，ほんの4 mの標高差，きれいな高山植物の乏しいこと，そして北岳と農鳥岳の「間の山」という不遇な名称のためか，間ノ岳の人気は北岳よりもずっと低い．反面，3000 m以上の体積でみると，北岳をはるかにしのぎ，南アルプス連峰で最も体格の立派な山である．

　二峰の対照性は，山をつくる岩石によるところが大きい．南アルプスの大半は，日本海溝の底で堆積した砂と泥が固まってそれぞれ砂岩と頁岩となり，その後の隆起で盛り上がった堆積岩でできている．この堆積岩には一部，チャート・石灰岩・玄武岩などからなる複合岩体が薄くはさまれる．これは，熱帯の海域で海底火山から噴出した溶岩に，生物の遺骸などが堆積して固まり，太平洋プレートにのって日本列島まで運ばれてきた遠来者である．特にチャート（放散虫などのシリカに富む生物の遺骸が堆積した岩石）は緻密で堅く，侵食に耐えて北岳や塩見岳のような突出した岩峰や急な岩壁をつくる．これらの地層がほぼ垂直に立った状態で，主稜線とほぼ平行にのびている．急傾斜のチャート層は岩登りのメッカ，北岳バットレスの岩場もつくっている（◆3）．一方，間ノ岳・農鳥岳・仙丈ケ岳など，なだらかな山頂をもつ山々は，砂岩と頁岩でつくられる．特に頁岩は，地層が堆積したときの水平面（層理面）に沿って薄くはがれたり，割れたりするために，侵食を受けやすい．そのため，山頂は丸みを帯び，山腹斜面は崩れやすい．

　南アルプスは北アルプスに比べると降雪量はずっと少ない．真冬の西高東低の気圧配置では晴天が続くためである．氷期には氷河が発達したが，山頂付近にとどまっていたようだ．そのため山腹まで削り込むU字谷はまれであるが，山頂付近，特に間ノ岳の東側斜面には，北沢カールや細沢カールなど形の整ったカールが残されている（◆4）．

　北岳で特筆すべきは，初夏に白い花をつける「キタダケソウ」の存在だ．八本歯のコルから北岳山荘に向かうトラバース道付近に露出する石灰岩地だけにみられる，貴重な固有種である（◆5左）．石灰岩層にはカルシウムを好む特有な「石灰岩植物」（ヨーロッパアルプスのエーデルワイスもその一種）が生育するが，高山環境と石灰岩の狭い岩場という隔絶された世界が固有種を産み出したのだろうか．同じく石灰岩を好むチョウノスケソウやミヤマムラサキ（◆5右）なども寄り添って，

◆1 鳳凰山からみた白峰三山東面（左から農鳥岳，間ノ岳，北岳）

◆2 農鳥岳から北を望む（左手前に間ノ岳，右奥に北岳，中央にアレ沢崩壊地）

◆3 チャートがつくる北岳バットレス　東側上空から撮影．左下に大樺沢がみえる．

◆4 八本歯のコルからみた間ノ岳と北沢カール

日本アルプス

北岳・間ノ岳

美しくユニークな群落を構成している．

　冬でも積雪が少ないために，地表は冷え込む．春や秋には，日夜の温度差で凍結と融解が繰り返され，地面に霜柱が立ったり崩れたりする．冬には気温が数か月にわたり零下となり，最低で-20℃以下に達する（◆6）．その結果，岩壁は4～5 mの深さまで凍りつく．それが春先に融け出すと，岩がゆるんで落石が起こる．堅固な岩壁からも時として巨石が降ってくるので，沢沿いの通行には注意が必要だ（◆7）．北岳や間ノ岳は，このような「周氷河作用」を激しく受けており，土や岩の表層が動いて，山の形を変化させている．

　近年，ヒマラヤやヨーロッパアルプスをはじめ，世界各地の山岳で温暖化が指摘され，氷河や永久凍土の融解が問題になっている．間ノ岳の気温変動をみると，最近十数年間では年平均気温が-1～-2℃の間にあり，温暖化の傾向ははっきりしない（◆6）．しかし，今後，温暖化が加速するならば，森林限界が上昇して高山植物の生活の場が圧迫されるだろう．

　南アルプスには岩盤を深くえぐる「深層崩壊」が多い．これは，次のような要因が重なったためだ．①山脈の隆起が速く，それに対抗する河川の侵食も速いために，急斜面が多い．②急傾斜の層理面のために岩盤が縦方向にずれやすい．これに加えて，岩盤には割れ目が密に発生している．③豪雨や融雪で地下水が岩盤の割れ目に浸透し，すべりやすくなる．④近接する活断層が動いて大地震を発生することがある．

　間ノ岳南東側にも，深層崩壊で生じたアレ沢崩壊地がある（◆2）．2004年5月，この崩壊地の最上部の岩盤（約100万 m^3）が大規模に崩れ落ちた．その影響で，崩壊地の背後の岩がゆるんで多数の裂け目が出現した（◆8）．その後，この裂け目から崩落が起こり，崩壊地は少しずつ広がっている．もともと，アレ沢崩壊地の周囲には，重力によって斜面が下方に引っ張られるために，二重山稜・線状凹地などの岩盤の裂け目が数多く発達していた．豪雨や融雪により裂け目に水が入り込むと岩盤の潤滑剤として働く．詳しく測量したところ，崩壊地背後の岩盤は年間60 cmほどの速度ですべっていた．二重山稜の一部もずれて，崖が広がった（◆9）．近々新しい崩壊が発生する予兆だろうか？　監視が必要だ．

　甲斐の戦国武将，武田信玄の軍旗「風林火山」の一節に「不動山如（動かざること山のごとし）」とある．信玄公にとって南アルプスは「不動の山」の代表格だったにちがいない．しかし，その南アルプスはむしろ「易動の山」の代表格だったのだ．軍旗を「易動山如」と書き換えていたら，武田軍の砦はもっと易々と崩壊しただろうか？

〔松岡憲知〕

◆5 北岳の石灰岩の岩場に咲く花 (左) キタダケソウ, (右) チョウノスケソウとミヤマムラサキ.

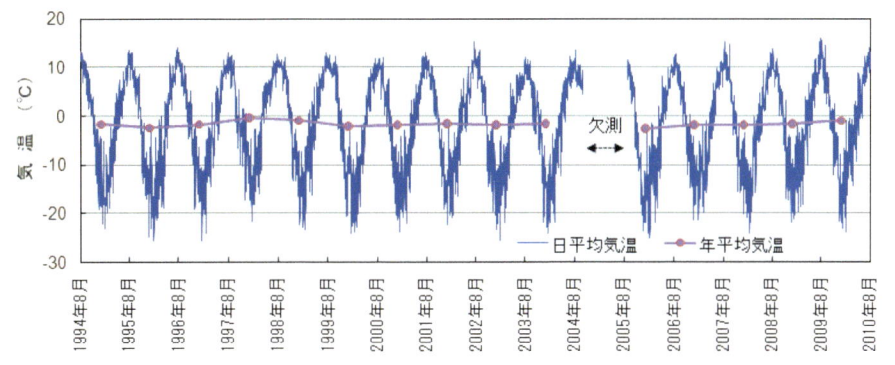

◆6 間ノ岳南面 (3070 m) における1994〜2010年の気温変動

◆7 北岳バットレスから大樺沢に転がった落石 (2008年7月)

◆8 2004年の岩盤崩落で発生したアレ沢崩壊地頂部の裂け目 (崩落から2週間後に撮影)

◆9 アレ沢崩壊地の背後にある二重山稜の地形変化　右手の岩盤が下にずれて, 点線で囲まれた部分が露出した.

41 白山

手取層の上にのる小さな火山体

はくさん
石川県/標高 2702 m
北緯 36°09′18″東経 136°46′17″（御前峰）

　白山（2702 m）は加賀白山と尊称され，雪におおわれて白く輝く神々しい姿は，古くから信仰の対象となってきた．高山植物の産地としても知られ，ハクサンイチゲ，ハクサンコザクラ，ハクサンシャクナゲ，ハクサンフウロなど，白山の名前を冠する高山植物がたくさんある（◆1，2）．

　白山の不思議は，火山ではあるが，溶岩の占める部分はごく少なく，山頂部のみに限られ，山体のほとんどは基盤の手取層という堆積岩でできているということである．主峰付近でも，火山体にあたるのは，弥陀ケ原や南龍ケ馬場から上の，高度にして300～400 m分にすぎず，その下はすぐに手取層に移行する．

　火山史をひもとくと，白山では40万年前から30万年前にかけて最初の火山活動があり，14万～10万年前には古白山火山とよばれる，高さ3500 mに達する大きな火山が生じたと考えられている．しかし現在，古白山火山の山体の中心部は侵食でほとんどが失われ，地獄谷となっている．古白山火山の侵食の進み方は異常に速いが，これは火山の基盤を構成する手取層に巨大崩壊が繰り返し起こり，山体は上にのっていた溶岩もろとも崩れ去ったためだと考えられる．

　白山の山頂部には現在，御前峰と剣ケ峰，大汝峰の3つのピークがある．このうち大汝峰（オオナムチノミコトが変化して山名になった）は古白山火山の山体の一部が残ったものだが，残りの2峰は新白山火山の活動でできたものである．現在の白山火山（新白山火山）は4万～2万年くらい前に活動を始めたと考えられている．

　4500年前に，御前峰と大汝峰を結んだ稜線の東側が大崩壊を起こす．これもやはり基盤の手取層が崩れたために生じたもので，崩壊物質は東麓の大白川沿いに厚い段丘状の堆積物となって残っている．この崩壊地の内部では2900年ほど前，噴火がおこり，剣ケ峰のピークが生じた．これで山頂部の概形ができたわけである．

　白山のことが古文書に現れるのは706年が最初で，当時，何度も爆発を繰り返したため，朝廷は853年と859年の2度にわたって白山の神に高い位階を授け，神の怒りをなだめている．一方，実際に人が目撃したとみられる火山活動の記録は1042年からになる．室堂で修業していた僧が噴火に出あい，ほうほうの態で逃げ帰って，それを記録に残したのである．このときの噴火でできた火口に水がたまって，翠ケ池と千蛇ケ池ができたと考えられている．その後，1547年からは活動が活発になり，1659年までの110年間には10回あまりにわたって噴火が記録されている．山頂部には紺屋池や油ケ池など水をたたえた火口や，漏斗状に凹んだ火口が全部で15あまりあるが（◆3），その大半はこの時期の噴火によって生まれたものである．1554年から1556年にかけては活動が特

◆1 ハクサンコザクラの群落

◆2 ハクサンボウフウの群落

◆3 山頂部の火山群

近畿・中国・四国

白山

121

に活発になり，翠ヶ池からは小さな火砕流が発生して西南に向かって流れたという．

白山では室堂あたりから上部が高山帯になるが，そこの植生分布には火山活動の影響が強く認められる．たとえば，室堂から山頂部を見上げると，◆4に示したような，植被を欠き，白ないし薄茶色になった部分がみえる．ここは植物生態学者によって，冬の強風が原因で植被の乏しい場所が生じたとされてきたが，実は火砕流の通過によって植被が破壊された部分に当たる．筆者のみたところ，紺屋池から噴出した火砕流が，御前峰の方向に駆け上がり，稜線をこえて流れたらしい．

火砕流は火山灰や火山礫が高温の雲のようになって移動するものであるから，それにおおわれたところでは当然のことながら，植物は枯れてしまう．現場へ行くと，火山灰や火山礫が散乱し，植物はまだまったくみられない．しかし少し下ると，コメススキが現れ，次第に数を増してくる．そしてこれにガンコウランなどが加わり，既存の群落に近い周辺部ほど緑の度合が増加する（◆5）．

御前峰から池めぐりコースを下っていくと，紺屋池のすぐそばを通るが，その西側の平坦なところは植物が乏しく，コメススキやガンコウラン，タカネマツムシソウなどがまばらに生えている．実はここが火砕流の通過したところで，地面は火山灰が堆積したために白くなっている．

白山の基盤となっている手取層は，中生代のジュラ紀から白亜紀にかけて堆積した地層で，恐竜の化石が出ることでよく知られている．1億数千万年前，当時まだユーラシア大陸の縁にあった日本列島の一部に，手取湖とよばれる大きな湖があり，そこには平時には泥が堆積し，大きな洪水があると礫や砂がたまった．こうしてできた地層が手取層である．その後，長い時間の経過の中で，礫や砂，泥は固結して礫岩，砂岩，泥岩になった．砂防新道を登っていくと，登山道には，ゴツゴツした岩が露出し急傾斜で歩きにくいところと，逆になだらかで歩きやすいところが交互に現れるが，前者が硬い礫岩と砂岩の部分，後者がやわらかい泥岩の部分である．手取層はもともと泥や砂，礫が堆積したものであるから，風化して崩壊をおこしやすい．特に泥岩の部分は粘土化して滑り面となるため，その上にのる地層がいっしょに滑って巨大崩壊をひきおこすことが多い．

1934年には，梅雨末期の大雨が白山の雪解けを加速して，いたるところに山崩れを発生させ，「手取川大水害」とよばれる，大きな災害をもたらした．別当谷には巨大な崩壊が発生し，市ノ瀬の集落は押し流されてたくさんの人が亡くなった．また同じ豪雨で宮谷にも巨大崩壊がおこり，土石流が発生して膨大な量の土砂を運び出した．宮谷の出合から1kmほど下流の手取川の河原にある「百万貫岩」（◆6）は，このときの土石流によって運び出されたものだという．この岩は礫岩からなり，その重さは，建設省金沢工事事務所により，4839トン，つまり約120万貫あると推定されている．実際に百万貫以上あったわけである．

このようにみてくると，手取層の問題点ばかりが目につくことになるが，もちろんそれだけということはない．観光新道を下ると，途中はずっとハクサンシャジンやイブキトラノオなどからなる，まれにみるすばらしいお花畑（◆7）になっている．これは手取層をつくる泥岩が風化して泥に戻り，それに砂岩や礫岩が風化してできた礫が適度に混じりあって，植物の生育にきわめて都合のよい土壌ができたためにできた群落だと考えられる．

［小泉武栄］

◆4 山頂部の肩に生じた無植生地　室堂から見上げる.

◆5 火砕流が通過した部分　徐々に植被が回復しつつある.

◆6 百万貫岩

◆7 イブキトラノオの群落

近畿・中国・四国

白山

42 大峰山
やせ尾根と漫歩的尾根が同居する修験者の山

おおみねさん
奈良県/標高 1719 m
北緯 34°15′09″ 東経 135°56′28″（山上ケ岳）

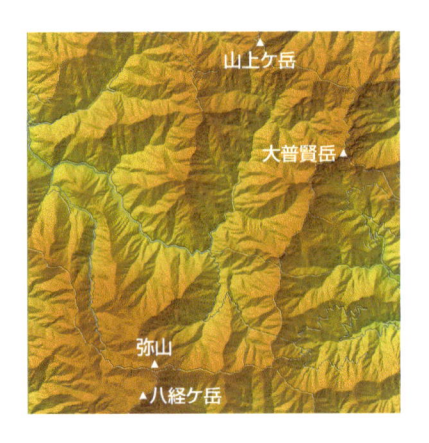

　大峰山は狭義には山上ケ岳（標高1719 m）であるが，なかなかややこしい．深田久弥の『日本百名山』で「大峰山」は，内容は主に山上ケ岳であるが，表題の標高は1912 mとあって近畿地方の最高峰八経ケ岳（八剣山，仏経ケ岳，1915 m）のものである．山上ケ岳は役ノ行者が開山したとされ，付近に山岳宗教施設として知られる金峯山寺があって，別名「金峯山」ともよばれている．吉野や熊野から金峯山寺にいたる有名な修験者たちの「大峰奥掛け道」の終点である．山上ケ岳は「女人禁制」を続けており，誰でもが自由に登れる山ではない．そのためか，大峰山として八経ケ岳を紹介している本もみられる．ここでは，大峰山を広く，大峰山地として紹介する．

　大峰山地は，紀伊半島を代表する熊野川，吉野川，北山川の各源流部に位置する．そこでは多くの部分が激しい谷頭侵食と深い峡谷で特徴づけられる．谷頭侵食が主稜線に及ぶと，断崖が連続するようになり，山上ケ岳や大普賢岳の主稜線東側はその典型である．山上ケ岳付近のいわゆる「修験道の行場」（◆1）などは，このような急峻さを利用したものである．

　これに対して，弥山から八経ケ岳をへて南の明星ケ岳にかけての主稜線から西側には，比較的ゆるい斜面が広がっている．これは，熊野川水系天ノ川最上流域の弥山川による谷頭侵食が，双門滝の少し上流までしか及んでいないことによる．その上流「狼平」付近から上の弥山川は，傾斜が双門滝付近に比べてはるかにゆるやかで，「前輪廻の谷」の様相を示す．同様の地形状況は，北山川を挟んで東側の大台ケ原（最高点は日出ケ岳で，1695 m）付近にもみられる．

　侵食が稜線まで達していない部分，たとえば，弥山から東へそして北へ向きを変えて行者還岳近くまで続く主稜線は，なだらかで「ブナ林内を稜線漫歩」の雰囲気である（◆2）．この稜線は「修験者の道」であるが，いかに修行のためとはいえ「やせ尾根」ばかりでは身がもたない．なだらかな主稜線には，かつての修験者たちの宿址（聖宝ノ宿址，行者還ノ宿址など）が点々と残されている．なだらかな主稜線があってこそ，「奥掛け」ができたのではないだろうか．このように，大峰山地の地形的特徴は，「稜線漫歩」的な尾根にやせ尾根がモザイク状に連なる主稜線と，急な山腹斜面がコントラストをなす点にある．

　大峰山地のもう一つの特徴は，大台ケ原にはない，シラベ（シラビソ）林の存在である．シラベ林は，弥山から明星ケ岳にかけての主稜線付近と西側緩斜面に分布する．激しい侵食が及んでいない緩斜面が，シラベ林の存在にとって重要なのである．このシラベ林には，「縞枯れ」がみられ，7月ごろに白い花を咲かせる，国の天然記念物「オオヤマレンゲ」も含まれている．残念なことに，大台ケ原と同様，ここでもシカの食害が問題となっている．そういえば，聖宝ノ宿址近くの緩斜面には，シカのヌタ場（◆3）がある．

［相馬秀廣］

◆ 1 金峯山寺（武藤康弘氏撮影）

◆ 2 稜線のブナ林　行者還登山口からほぼ真南の主稜線上のブナとウラジロモミ．

◆ 3 シカのヌタ場

近畿・中国・四国

大峰山

43 氷ノ山

すばらしい滝を擁する 2 つの山

氷ノ山
ひょうのせん
兵庫県・鳥取県／標高 1510 m
北緯 35°21′14″ 東経 134°30′50″

扇ノ山
おうぎのせん
鳥取県／標高 1310 m
北緯 35°26′23″ 東経 134°26′27″

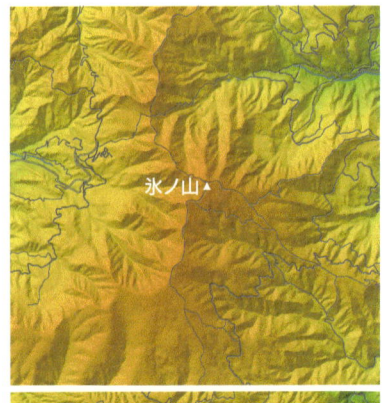

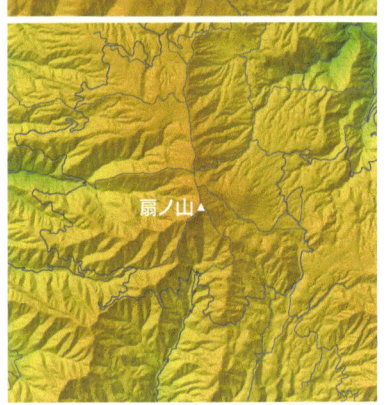

　氷ノ山は鳥取県と兵庫県の県境にそびえる山で，兵庫県の最高峰である．中国地方では大山（1729 m）に次ぐ高峰だが，標高はだいぶ下がり，1510 m しかない．ただ氷ノ山のすぐ北には扇ノ山や鉢伏山があり，また南には後山，那岐山などがあって，中国山地では最も高い部分となっている．一帯はブナの原生林やみごとな峡谷と滝で知られ，あわせて氷ノ山後山那岐山国定公園を構成している．「日本の滝百選」に入っている滝が，雨滝，猿尾滝，天滝，不動滝と 4 つもある．
　私たちは兵庫県側の大段ケ平登山口から登り始めたが，そこまでの林道沿いでは，氷ノ山から流れた厚い溶岩の層が大きな壁をつくり，その下方には崖錐ができて，カツラやサワグルミ，トチノキの大木が生育していた．大段ケ平からの登山道はなだらかで，両側はブナ林になっている．兵庫県側では再生したブナ林が多いが，地形的に急峻な鳥取県側では原生林がよく残されている．なぜかウダイカンバがたくさんある．
　神戸大学のヒュッテを過ぎた，海抜 1340 m 付近からスギの巨木が目立つようになってきた（◆1）．このスギ林は千本杉といい，県の天然記念物である．幹や枝が変形した様子は，佐渡島の新潟大学演習林のスギ林によく似ている．この森も雲霧帯に成立した森だが，ここではさらにほぼ平坦な地形という条件がきいているようである．この山の山頂部は，200 万年くらい前に隆起準平原をおおって流れた溶岩の層が何枚も重なってできており，階段状の地形をつくる．平坦な部分は水はけが悪く，地表にはミズゴケが目立つ．湿性が強いため，スギ林ができたとみられる．
　山頂の近くの平坦地には「古生沼」という高層湿原があり（◆2），ミズゴケやアカミノイヌツゲ，ハイイヌガヤなどが生育している．「西日本唯一の高地性湿原」という看板がたっているが，柵で囲まれ，内部には入れない．この湿原のまわりにもスギ林があり，「古千本」とよばれている．
　扇ノ山は周辺にすばらしい滝がいくつもある．この山から出る沢の上流には，兵庫県側に霧ケ滝，赤滝があり，鳥取県側には雨滝，筥滝，大鹿滝がある．圧巻は雨滝（◆3）と筥滝（◆4）で，いずれも扇ノ山の溶岩層にかかったものである．雨滝は高さ 40 m の滝だが，水量が多いため，迫力がある．筥滝は玄武岩の柱状節理の部分に滝ができたもので，サイコロを重ねたような不思議な形の滝になっている．雨滝と筥滝は 500 m ほど離れているが，その間はみごとなケヤキ林になっている．上部に溶岩層があり，そこから落下した岩や岩屑がつくった崖錐上にケヤキが生えている（◆5）．トチノキやエノキもあり，天然記念物クラスの森となっている．

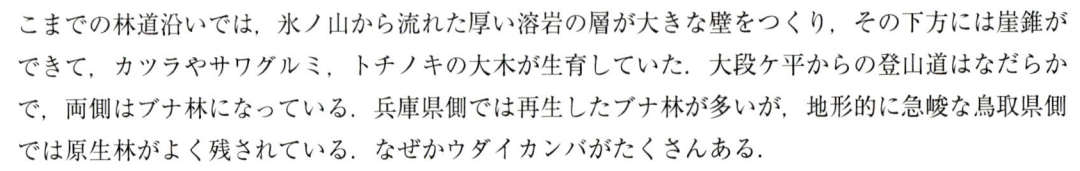

［小泉武栄］

◆1 スギの巨木

◆2 古生沼湿原

◆3 雨滝

◆4 筥滝　柱状節理にかかる．2段になっている．

◆5 溶岩の壁に生えたケヤキ

近畿・中国・四国

氷ノ山・扇ノ山

44 崩れゆく霊峰 大山
だいせん
鳥取県/標高 1729 m
北緯 35°22′16″東経 133°32′46″（剣ケ峰）

　大山は，東西 35 km，南北 30 km に広がる雄大な第四紀火山で，中国地方の最高峰である．西方からみた山体は均整のとれた円錐形をなし，伯耆富士あるいは出雲富士の別称を有する（◆1）．古くより霊峰として崇拝され，山麓には大山寺や大神山神社がある．

　"大山"とよばれるのは，弥山（1709 m）を中心として最高地点剣ケ峰（1729 m），天狗ケ峰など東西にのびる小ピークを総称したもので，全体が一個の巨大な溶岩ドーム（溶岩円頂丘）から構成される．大山の南東部は蒜山山系へと連なり，北東へは矢筈ケ山（1359 m），勝田ケ山（1149 m）から船上山へと溶岩台地状の山並みが続く．

　大山の成り立ちをまとめると次のようになる（津久井，1984；津久井ほか，1985；町田・新井，1992）．火山活動が始まったのは約 100 万年前である．60 万〜40 万年前が最も活発な活動期にあたり，大量の溶岩流，火砕流を噴出し，溶岩円頂丘を形成するなど現在の大山の原形がつくられた．30 万年前にも大規模な火砕流や軽石の噴出がおこっている．約 5 万年前に噴出した大山倉吉軽石（DKP）は，大山の代表的な広域テフラの一つで（◆2），数百 km 離れた関東北部にまで降下している．弥山や三鈷峰（1516 m），烏ケ山（1448 m）は最も新しい時期の溶岩ドームで，判明している最新の噴火は約 2 万年前である．

　西側からの均整のとれた山容に対して，北側と南側は崩壊が進み，急崖やガレ場が広がる．北側には阿弥陀川が馬蹄形に切りこみ，大屏風岩や小屏風岩など垂直の岩盤が続く．いわゆる大山北壁である（◆3）．岩盤から崩落した岩屑（落石）は崖下に積み重なり，見事な「崖錐地形」を形成している．阿弥陀川の谷頭部にあたる元谷，弥山沢，行者谷は落石で埋められてしまい，流水の多くは伏流水となっている．

　南斜面は山頂部直下から幾筋もの崩壊谷が存在し，崩落した岩屑は一ノ谷，二ノ谷，三ノ谷などに集まり，谷を埋積している（◆4）．数多くの砂防堰が建設されているが，土砂の流出を完全に防ぐことは困難で，堰から溢れて大量の土砂が下流へと流れ落ちている．

　崩落は大山自身の高度にも影響を与えてきた．三角点は最高点の剣ケ峰ではなく弥山に設置されているが，過去に幾度となく崩壊し，そのつど設置されなおしてきた．1892（明治 25）年の標高は 1712.94 m，1936（昭和 11）年には 1712.52 m，1961（昭和 36）年には 1710.63 m，1991（平成 3）年には 1710.55 m と少しずつ低いところに三角点が移されてきている．2000（平成 12）年 10 月に発生した「鳥取県西部地震」では，山頂部が崩壊したため，2001 年に以前より東方 8 m の地点に三角点が移され，標高は 1709.43 m とさらに低くなった．剣ケ峰もかつては標高 1731 m であったが，

◆1 西からみた大山「伯耆富士」

◆2 大山倉吉パミス　鳥取砂丘そばの露頭（小泉武栄氏提供）

◆3 大山北壁　中央が剣ケ峰と元谷，右が弥山，左が三鈷峰．

◆4 二ノ谷と大山南壁

崩壊のため 2 m ほど低くなっている（◆5）．

　このように崩落の進む原因としては，①山体を構成する火山岩に亀裂や空隙が多いこと，②溶岩ドーム状の山腹が急傾斜になっていること，③海岸近くに屹立するため日本海からの強風の影響を直接受ける（積雪も多く融雪水も多い）こと（◆6）が考えられる．崩壊した大量の土砂は最終的に日本海へ運ばれ，弓ケ浜などの砂浜海岸の成長に関わっている．

　大山への登山は標高 750 m の大山寺集落が起点となる．登山口周辺は道幅も広く，寺坊跡や石垣がみられ遊歩道の様相を示す．2 合目付近からブナの巨木の下を歩き始める．大山山麓は西日本有数のブナの原生林となっており野鳥も多く生息している．林床にはクロモジの低木が多い．5 合目すぎから灌木帯となり，展望が開けてくる．6 合目の避難小屋付近から最もきつい登りとなる．8 合目まではガレ場や浮き石が多く，蛇籠でつくられた土留めが増え，段差も大きくなる．8 合目から上はゆるやかな登りとなり，特別天然記念物ダイセンキャラボクの群落の間をぬって弥山頂上に達する（◆7）．ダイセンキャラボクの群落はじゅうたんを敷き詰めたような低木林となっており，その間に草地が点在する．山頂周辺にも草原が広がり，初夏にはナンゴククガイソウ，シコクフウロ，シモツケソウなどの高山植物が咲くお花畑となる．頂上付近には地蔵ケ池，梵字ケ池の小池沼も存在する．中国山地から独立しているため，ダイセンクワガタ，ダイセンオトギリ，ダイセンキスミレ，ダイセンヒョウタンボクなど大山という名を冠する固有植物もみられる．山頂からの展望は雄大で，澄み切った日には日本海に浮かぶ隠岐諸島や四国の山並みを眺めることができる．

　山頂から剣ケ峰方向への縦走路は崩壊が激しく通行止めとなっている．登山者が急増した昭和50 年代には，登山道が荒れたり植生が踏みつけられたりして裸地化が進むなど荒廃が目立つようになった．そこで，1986（昭和 61）年に始まったのが『一木一石運動』である．一般の登山者一人一人が石あるいは苗木を麓から山頂へ運び上げてもらうよう呼びかけ，それらを用いて侵食溝を埋め植林を進めて，山頂の緑を取り戻そうという活動である．現在は，回廊木道の設置，山小屋周辺の清掃などさまざまな保全運動も実施されて，以前よりも緑が回復してきている．また，近年は韓国からの登山客も増加しており，ハングルの表示もみられる．

［林　正久］

◆5 弥山から剣ケ峰を望む

◆6 早春の大山

◆7 山頂付近のダイセンキャラボク純林と木道

近畿・中国・四国

大山

45 三瓶山

ブナ林を抱く溶岩ドーム

さんべさん

島根県／標高 1126 m
北緯 35°08′26″ 東経 132°37′18″（男三瓶山）

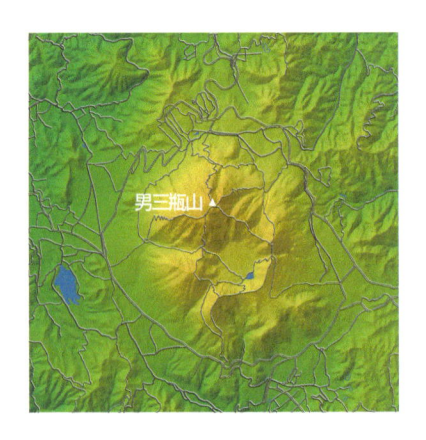

　三瓶山は，島根県の北部，出雲と石見の境に位置する．丸みを帯びた山容と，深い緑におおわれた姿からは優しい印象を受けるが（◆1），実際には過去数万年にわたって活発な噴火活動を繰り返してきた活火山である．

　三瓶山の活動のなかで最も大きな噴火は，今から約10万年前に発生した．当時の火山灰は風によって広範囲に堆積し，遠く東北地方にも見つかっている．続いて約7万年前にも爆発的な噴火が発生し，直径約6kmのカルデラが形成された．このときの噴火で噴出したテフラ（軽石や火山灰）の一部は大規模な火砕流となり，厚い堆積物を残した．この火砕流は「三瓶大田軽石流」とよばれ，西側にある大田市でその地層を見ることができる．現在の三瓶山を取り囲む低い丘陵は，当時のカルデラの周縁を囲んでいた外輪山の名残である．

　現在の三瓶山は粘性の高いデイサイト質マグマによって形成された溶岩ドームで，男三瓶山（1126 m）・女三瓶山（958 m）・子三瓶山（961 m）・孫三瓶山（903 m）の4つのピークが同心円上に並ぶ．4つのピークが並ぶ独特な山容の成因には，大きな溶岩ドームの山頂部が後の火山活動で吹き飛んだとする考えと，それぞれが独立した溶岩ドームであるとする考えがある．4つの山に囲まれた窪地には室ノ内池があり（◆2），かつての火口と考えられている．三瓶山の溶岩ドームを成長させた噴火活動は約3700年前に生じた．この噴火活動では成長で不安定になった溶岩ドームが崩落して土石流が発生し，続いて長崎県雲仙岳の1990〜1995年噴火のような火砕流が発生した．

　約3700年前の噴火活動で発生した土石流と火砕流は，縄文時代当時の森林を丸ごと埋没させた．この埋没林は，幅の広い谷底に広がっていたスギを主体とする森が，噴火による土石流と火砕流によって埋没し，さらに地下水によって腐ることなく保存されていたものである．その様子は三瓶小豆原埋没林公園にある展示施設「三瓶山埋没林資料館」にみることができる（◆3）．埋没林は圃場整備の際に発見され，縄文時代の森の姿を伝える埋没林として脚光を浴びた．縄文時代の森林がいかに見事であったかをうかがいしることができるだろう．

　三瓶山は古くから里山として利用されてきた．「西の原」と「東の原」の火山麓扇状地には草原が広がり，ウシが放牧されている．また，室ノ内池周辺の登山道沿いには炭焼き窯の跡が残されている．暮らしと密接につながる三瓶山だが，山頂付近にはブナの自然林が広がる（◆4）．中国地方には二次林が多く，ブナ林は中国山地の脊梁部にわずかに残るにすぎず，したがって三瓶山のブナ林は西日本の深山に広がっていた森林の姿を残す貴重な森である．登山口からわずか1時間半の登りながら，火山とブナ林，日本海の展望を楽しむことができる，興味深い山である．［澤田結基］

◆1 西の原から三瓶山を望む 左が男三瓶山（1126 m）右が子三瓶山（961 m）．傾斜のゆるやかな火山麓扇状地は草原になり，一部にウシが放牧されている．

◆2 4つのピークに囲まれた窪地の最低地点にある室ノ内池

◆3 三瓶小豆原埋没林公園に保存されている埋没林 約3700年前の噴火に伴う土石流と火砕流によって埋まったもので，主な樹種はスギである．

◆4 男三瓶山の登山道沿いに広がるブナの森

近畿・中国・四国

三瓶山

46 東赤石山

四国一の高山植物の宝庫

ひがしあかいしやま
愛媛県/標高 1706 m
北緯 33°52′30″ 東経 133°22′30″

　東赤石山は，新居浜市の南の法皇山脈の一角を占める岩峰である．山体はかんらん岩からなり，四国一の高山植物の宝庫で，「四国の早池峰」とよばれることもある．法皇山脈は，北は中央構造線の断層崖に限られ，南は銅山川が深い渓谷をつくって，屏風のような幅の狭い山脈となっている．山脈の西部には別子銅山の跡があり，その東に西赤石山と東赤石山の2つの岩峰がそびえている．

　なぜここにかんらん岩の岩体があるのか，はっきりした理由は不明だが，中央構造線の断層に沿って地下深くから，上昇してきたものと考えられている．岩体の周囲は三波川変成帯に属する結晶片岩からなる．平たく割れ，銀色に輝く美しい岩である．

　登山口の筏場から登ると，海抜1500m付近で，みごとなシコクシラベの林が現れた（◆1）．四国は亜高山針葉樹林の分布の南限に当たり，石鎚山のシコクシラベの森はよく知られている．しかし東赤石山のシコクシラベは直径が30〜40cmもあり，石鎚山の森より立派である．林床にはツクシシャクナゲが生育し，その下には直径数十cmから1mをこえるようなかんらん岩の岩塊がごろごろしている．この岩塊はおそらく最終氷期に生産されたもので，岩塊斜面の下限と針葉樹林の下限は一致している．岩塊斜面は針葉樹林の下限を引き下げる役割を果たしているようである．

　針葉樹林は幅100mほどで終わりになり，そこを抜けると突然，正面に東赤石山の岩峰がみえてくる（◆2）．比高は200mくらい．赤茶けた岩山が大変な迫力で迫ってくる．この岩山は八巻山といい，東赤石山の山頂部をつくるピークの一つである．筆者は当初，八巻山が東赤石山の最高点だと思ったが，最高点は八巻山にではなく，その右手のほとんど森におおわれた山にあった．ここでは山頂付近にのみわずかに岩が露出している．

　八巻山やその西の岩峰付近では，高さ数十mの露岩地の下に，巨大な岩塊からなる崖錐状の斜面があり，そこにはネズコやヒメコマツ，ヒノキ，コメツガなどの低木がまばらに生育している（◆3）．この低木林が散在する風景は早池峰山や至仏山とそっくりである．ここの低木林もかんらん岩という超塩基性岩のつくる岩塊斜面が基盤となって成立したものだろう．かんらん岩に含まれる有毒なマグネシウムと，岩塊斜面という貧栄養な土壌条件が高木林の成立を妨げたにちがいない．

　この崖錐状の斜面では，樹木と樹木の間は草地になっていて，そこにはかんらん岩が風化してできた土壌があり，さまざまな高山植物が生育している．イネ科の草本のほか，ゴゼンタチバナ，リンドウ，タカネイバラ，マルバシモツケ，ワレモコウなどが目立つ．

　山頂の露岩地には植物は乏しいが，岩の隙間にタカネマツムシソウが咲いていた（◆4）．毒素のせいか，矮性化しており，丈は10cmに満たないのが興味深い．

[小泉武栄]

◆1 シコクシラベの林

◆2 東赤石山の岩峰

◆3 八巻山およびその西の岩峰付近の低木林　ネズコやヒメコマツ，ヒノキ，コメツガなどの低木が，巨大な岩塊からなる崖錐状の斜面に生える．

◆4 タカネマツムシソウ

近畿・中国・四国

東赤石山

47 石鎚山

シラビソ生育地の南西限

いしづちさん
愛媛県/1982 m
北緯 33°46′04″東経 133°06′54″（天狗岳）

　石鎚山は685（白鳳14）年，修験道の霊山として開かれたとされ，以来，信仰の山として称えられてきた．日本百名山，日本七大霊山の一つである．石鎚の名称の由来は，岩峰の形を石の鎚に見立てたという説もあるが，語源的には「石之霊（イシヅチ）」，すなわち石の霊力をもつもの（神）ともいわれる．

　山頂付近は安山岩類の岩稜で，急な北斜面と緩やかな南斜面からなる非対称山稜となっている（◆1）．表参道成就コース最後の難関二ノ鎖，三ノ鎖の鎖場はこの北面の急傾斜地にかけられている．石鎚山系の基盤は三波川（さんばがわ）変成岩類の結晶片岩で，その上に海成層，淡水成層からなる久万（くま）層群と火山噴出物を主体とする石鎚層群（新第三系）をのせる（◆2，甲藤，1979）．石鎚層群は溶結凝灰岩や安山岩類からなり，陥没してカルデラを形成したため，それらは山頂を中心に円形に分布している．その後，面河渓（おもごけい）側に花崗岩が貫入した．1200万年前にこれらの激しい火山活動が始まり，断層によって中央構造線以南が隆起した．その隆起量は北側ほど高く，南にいくほど低い傾動地塊となっている．

　冬型気圧配置時の降水の有無を基準にした気候区分によれば，石鎚山は「準裏日本気候区」に位置する．四国にあるが，石鎚山にはかなりの雪が降り，スキー場も開設される．1945〜47年の石鎚山測候所の観測によれば，年平均気温は 4.0℃，暖かさの指数は 39.0℃・月，寒さの指数 −51.4℃・月，年降水量は 1881.4 mm（1945年12月〜1946年11月）を記録し，降雪は1946年に55日を数えた．

　このような気候的背景の下で石鎚山の斜面には，300〜700 m に常緑広葉樹林（照葉樹林），700〜850 m に常緑針葉樹林，850〜1750 m に夏緑広葉樹林，さらには 1750〜1982 m に常緑針葉樹林が展開し（鈴木ほか，1979），2000 m 弱の標高の中に日本の垂直分布帯の縮図をみることができる．常緑広葉樹林帯は暖温帯に対応し，低地ではシイ・タブノキが優占，高度の増加に従ってウラジロガシなどカシ類が優占する．夏緑広葉樹林帯は冷温帯に対応し，ブナ，ミズナラ，シナノキなどで構成され，下部でツガと上部でウラジロモミと分布を重ねる．ウラジロモミは面河側で 950〜1700 m，西条側で 1400〜1700 m の分布域をもつ．ダケカンバを主体とする林分も現れるが，一斉林状二次林が多く，局地性が大きい．中間温帯林は照葉樹林帯と夏緑広葉樹林帯の間に出現し，常緑針葉樹のモミ・ツガが優占する．面河渓には樹高 35 m に達する胸高直径 1 m 超のツガ林，険しい地形の露岩地にはコウヤマキ林もみられるという（鈴木ほか，1979）．この中間温帯林は，夏の暑さは十分だが冬が寒すぎたり，夏の暑さは不十分ながら冬もさほど厳しくない立地に特異な林分を形成するものと考えられている．垂直分布帯の最上部に出現する常緑針葉樹林帯は亜高山帯に対応

◆1 石鎚山山頂付近の非対称山稜　弥山から天狗岳方向を望む．(2010年9月16日)

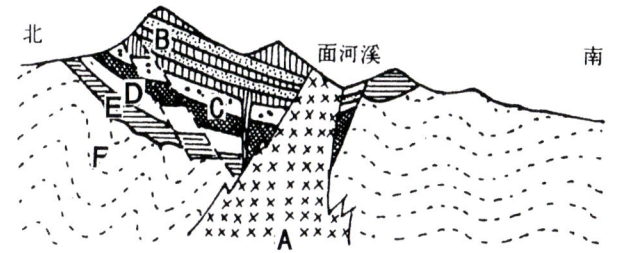

◆2 石鎚山山頂付近の地質　A：花崗岩，B：天狗岳火砕流，C：黒森安山岩（両輝石安山岩），D：夜明峠安山岩（斜方輝石安山岩），E：久万層群，F：結晶片岩．火砕流が固まって溶結凝灰岩となって全体が円形に陥没，花崗岩質マグマはそのあと上昇してくる．（甲藤，1979）

◆3 石鎚山山頂付近の植生パターン　ササ草原と亜高山針葉樹の群落，弥山から西方を望む．(2010年9月16日)

し，シラビソを主体とする亜高山性針葉樹の分布の南西限をなす．四国のシラビソは従来シコクシラベとされていたが，最近では分類学上同一であると見なされるようになった（山中，1981）．この亜高山性針葉樹林の南西限たる特質は分布域が狭く，種類組成が単純でオオシラビソやトウヒなど多くの亜高山種を欠いていることである．これは四国におけるシラビソが，氷期に南下した分布域がその後の温暖化による北上から取り残されたもの，すなわち遺存的植生であることにかかわっている．このためいったん破壊されると修復されにくく，生育域は減少傾向にあるという（中村，1982）．石鎚山はシラビソのほか，ダケカンバ，ハクサンシャクナゲ，ミヤママンネングサ，ミヤマダイコンソウ，タカネイバラ，ミヤマアキノキリンソウなど亜高山帯要素の南西限でもある．

　シラビソの分布域をもう少し詳細にみてみると，南東・北・北西斜面では尾根まで分布するが南西斜面には斑状に散在し，イシヅチザサ（チマキザサの変種に統合されている）草原に囲まれている（◆3）．シラビソは岩礫地に多く生育し，その生育立地からみても風衝に対する抵抗力が弱く，台風時などに破壊されることも多い．露岩地の場合には一斉低木林が成立し，シラビソ林が復元されるが，土壌が発達する立地ではササが侵入したり，クロヅル-ノリウツギ群落やダケカンバ一斉低木林が形成されてしまう．ササが繁茂すると他の木本植物は生育できず，ササ草原が維持されることになる（佐々木，1982）．1964～66年に生じたササの一斉開花・一斉枯死の後にも，十年後にはほぼ完璧にササ草原に回復したことが報告されている（山中，1979）．このような北斜面で高く南斜面で低い植生配列の非対称性は，ササやウラジロモミ，ブナなどの配列（◆4a），アケボノツツジ-ツガ林分の配列（◆4b）などの事例にも認められる．稜線部のシラビソの樹冠はほぼ北東方向に偏形しており（◆5），それが指示する風向は上記の植生配列のパターンと同調的である．先の石鎚山測候所の観測記録によれば，寒候期には北風，西風も吹くようにはなるが年間を通じて南南西～南西の風が目立っている．いずれにせよ，南西からの風衝インパクトは非常に大きいものと思われる．しかし，その一方で，ササ草原の成立には焼け跡や地中木炭の存在によって山火の影響も示唆されている（和田ほか，1939）．もっとも山火自身，ゆるやかで人手が入りやすく乾燥しやすい南西斜面に生じやすいものと思われ，南北斜面の植生パターンの違いは地形地質条件，土壌条件，気候条件，人為撹乱などが複合的にからみ，説明が容易ではない．

［岡　秀一］

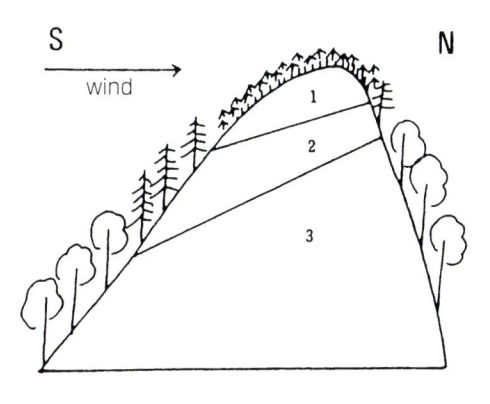

◆ **4a 稜線の南北断面でみた植生配列** 1：ササ原，2：ウラジロモミの林分，3：シラキ-ブナの林分．北に高く，南に低いとともに南斜面での分布域が広い．（佐々木，1982を改変；岡，2009）

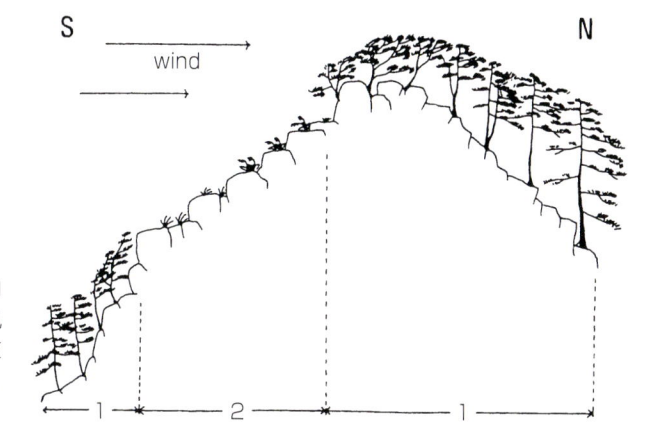

◆ **4b 東赤石山域山頂部における植生配列** 1：アケボノツツジ-ツガの林分，2：シコクギボウシ-ウバタケニンジンの草原．風上斜面のツガの樹形は北側に傾き，稜線直下の風衝面は林木を欠いている．（佐々木，1982に加筆；岡，2009）

◆ **5 石鎚山山頂付近のシラビソの偏形** 弥山付近にて．（2010年9月16日）

48 大満寺山（隠岐）

隠岐の不思議な植生

だいまんじさん
島根県/標高608m
北緯36°15′24″東経133°19′49″

　隠岐は島根半島から北へ約60〜80kmに位置し，180あまりの島々からなる諸島である．大満寺山は隠岐の最高峰（標高608m）で，最大の有人島である島後にある．島の基盤はユーラシア大陸の一部であった隠岐片麻岩で，日本で最も古い地質である．この岩の広い分布がみられるのが大満寺山の南麓から頂上に向かう谷筋である．

　大満寺山の植物の分布は説明するのが難しい．南斜面には，海抜200mあたりから高地を好むオオイワカガミ，ミズナラ，ヒメコマツ，ハリギリ，300mあたりからオキシャクナゲなどが現れ，逆に尾根筋の登山道でヤブツバキ，ヒサカキ，シロダモ，ヤブニッケイ，スダジイ，シャシャンポなどの南方系照葉樹がみられる．斜面一帯を遠めから眺めると，モミやスギの高木が目立つ．また比較的寒い地を好むモミの木に，ナゴラン，ベニカヤランなど南方系の着生ランが根を張り，眼下の苔むした露岩地には寒冷地を好むキンセイランなどもみられるのである（◆1）．南斜面頂上付近は，砂礫と1m前後の大満寺玄武岩溶岩の転石がおおう．尾根筋は風が通るので乾燥しがちで，南方系の照葉樹林が好む環境ではないことが多い．しかし，島では対馬暖流の湿った空気により山の上部にはガスがよくかかり，そのためヤブツバキなどの照葉樹も多い．その中には山地帯にみられるツシマナナカマド，イチイ，イタヤカエデ，コハウチワカエデなどが混じり，足元にはヤマシャクヤク，トリカブトもみられる．

　大満寺山北斜面の上部は約450万年前に噴出した玄武岩溶岩（多くは数mの六角柱状）の転石が積み重なり広い風穴となっている（「岩倉風穴」）．下位には海成層が分布することから，地すべり・崩壊が繰り返され広い範囲の風穴が形成されたものと思われる（◆2）．標高400mあたりも風穴による冷気に包まれた環境下であり，ここを南谷林道が横切っている．林道脇の風穴に推定樹齢800年の，島を代表する巨木「岩倉の乳房杉（アシウスギ）」が根を下ろし山祭りのご神木となっている（◆3）．涼しい乳房杉のまわりには，カツラ，サワグルミ，イチイ，イタヤカエデ，ウリハダカエデ，アオダモなどブナ林域の樹木が多いが，さまざまな照葉樹もなぜか混じってくる．また北斜面一帯にヤマシャクヤク，オシダなども茂っている（◆4）．

　島北部の海抜50mあたりには，上位に玄武岩溶岩，下位に海成堆積層からなる所がある．ここにも風穴が形成され隙間に溜まった腐葉土にヤマシャクヤクが根づいている．このように寒さを好む山地帯，北方系植物は，風穴から吹き出る冷気湿気によって生き延びることができたのかもしれない．しかし，隠岐の不思議は多く，ミズナラ，イタヤカエデ，オオイワカガミ（◆5）などが海抜数mで育ち，小島に中部の山地にみられるクロベが群生するなど，興味が尽きない．これらの種はやせたアルカリ流紋岩の地で多くみられるようだが，謎は深まるばかりである．　　　［八幡浩二］

◆1 大満寺山南斜面

◆2 岩倉の風穴

◆3 岩倉の乳房杉

◆4 オキシャクナゲ

◆5 オオイワカガミ

近畿・中国・四国

大満寺山（隠岐）

141

49 雲仙岳

生々しい1990〜1995年噴火のつめ跡

うんぜんだけ
長崎県/標高 1483 m
北緯 32°45′41″東経 130°17′56″（平成新山）

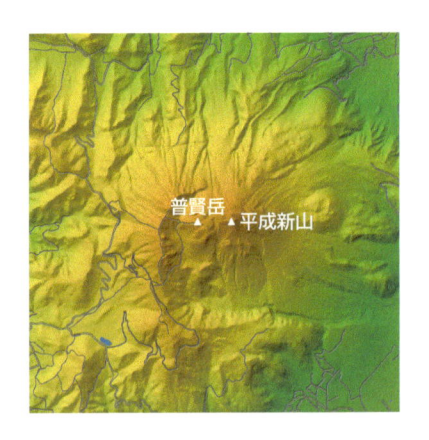

　雲仙岳は長崎県・島原半島の中央にそびえる活火山で，主峰の普賢岳（1359 m）や平成新山（1486 m）などの溶岩ドームと，妙見岳（1333 m）がその一部をなすカルデラなど複数の火山体からなる．溶岩ドームは，噴火時に上昇した粘性の高い溶岩が盛り上がって固結したものである．雲仙岳の姿を島原市内から眺望すると，裾野の広がった端正な形にみえる（◆1）．これは溶岩ドームから崩落した岩片などが堆積して，ゆるやかな斜面を形成したからである．

　1990年11月に始まった普賢岳の噴火活動は長期化し，1995年2月まで継続した．この噴火活動では，火砕流と土石流が頻繁に発生し，山麓の市街地に大きな被害をもたらした（◆2）．火砕流とは，高温に熱せられた空気と火山噴出物が混じり，時速100 km以上に達する高速で流れるもので，大きな破壊力をもつ危険な現象である．1990〜1995年の噴火活動では，合計9432回の火砕流が発生し，山麓の島原市で44名の犠牲者を出した．このうちの43名は1991年6月3日に発生した火砕流に巻き込まれており，報道関係者や火山研究者，タクシードライバー，消防団の方が犠牲になった．この火砕流の様子は，島原市の「雲仙岳噴火記念館」に詳しく展示されている（◆3）．

　こうした火砕流でもたらされた土砂やテフラ（噴火で生じた火山灰や軽石などの噴出物）に雨水が加わると流動化し，土石流が発生する．岩や砂と水が混ざった土石流は密度が高く，大きな岩を運ぶ力をもつ．島原市と南島原市のほぼ境界を流れる水無川では大規模な土石流が発生し，鉄道や国道が破壊され，民家が土砂に埋まるなどの被害が生じた．土石流によって埋まった民家は，南島原市にある道の駅「みずなし本陣ふかえ」の展示施設で見学することができる．

　雲仙普賢岳の登山口は仁田峠にあり，駐車場とロープウェイ乗り場がある．春には桃色のミヤマキリシマが咲き誇る，花の名所である．ここからロープウェイを使うと，普賢岳に向かう登山道の途中にある妙見岳の手前までショートカットができる．登山道はカルデラの縁をつくる尾根の上を通り，妙見岳の山頂に至る．

　妙見岳から続く登山道を進むと，普賢岳の山頂に到着する．普賢岳は，妙見岳があるカルデラの内側に形成された溶岩ドームである．ここからは，すぐ目の前に，1990〜1995年噴火で新しく成長した溶岩ドームである平成新山を間近に望むことができる（◆4）．平成新山の山体は，崩壊してまもない岩塊におおわれている．山頂に高く盛り上がった部分は，崩れ残った溶岩である．

　火山災害を風化させずに伝える地域の地道な活動が認められ，雲仙を擁する島原半島は2009年，糸魚川，洞爺有珠と並び，日本で初めての世界ジオパークの認定を受けた．

［澤田結基］

◆1 雲仙岳噴火記念館（島原市）からみた雲仙岳・平成新山（1436 m） 山頂部からは現在も水蒸気が立ちのぼる．

◆2 南島原市（旧・深江町）に残る大野木場小学校の校舎 この校舎は，火砕流に被災し，建物は残ったが，木材でできた部分は焼け，樹脂は溶けるなど，火砕流の温度の高さを如実に物語る．

◆3 火砕流の熱で溶けた小学校の配管

◆4 普賢岳の山頂からみた平成新山溶岩ドームの山頂部 崩れた新鮮な溶岩塊によっておおわれている．

50 阿蘇山

草原が広がる雄大な火山

あそさん
熊本県／標高 1592 m
北緯 32°53′04″東経 131°06′14″（高岳）

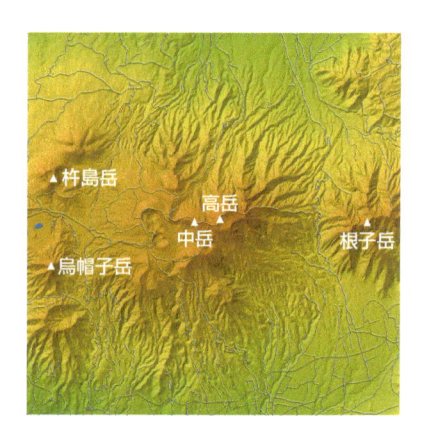

　阿蘇山は，熊本県の東部に位置し，日本有数の活火山である中岳（1502 m）を中心に大小 20 ほどの火山体で構成される火山群である．この火山群は，巨大な規模を誇る阿蘇カルデラ（南北約 25 km，東西約 18 km）の中央部に東西に並び，「阿蘇山」と総称される．阿蘇山を構成する山体の地形・地質はきわめて多彩で，全体として火山の博物館ともいえるほどである．カルデラの周辺には，カルデラの形成に関与した火砕流堆積物が広く分布し，火砕流台地や丘陵を形成している．これらのカルデラ周辺地域も含めた全体を「阿蘇（地域）」とよぶ．

　阿蘇地域の本来の自然植生は，温帯の森林である．しかし，森林の割合は少なく，全体として目立つのは草原である．草原は，阿蘇山のほか，カルデラ壁下部斜面やカルデラ縁およびその外側の外輪山斜面を含む広大な地域に広がる．一方，中岳火口を中心とする阿蘇山の山頂部一帯は，火山ガスや火山灰の影響下で生じる特異な火山荒原が広がり，その周辺にはミヤマキリシマ群落がみられる（◆1，2）．雄大な火山地形，多様な植生，そこに繰り広げられる人間生活，それら全体がつくりだす景観の季節変化など，阿蘇では，いつどこでも大自然とその変化の醍醐味を味わうことができる．

　阿蘇山の草原は，山腹から山麓にかけて広がるが，杵島岳や往生岳などの山体では，山頂部まで草原におおわれる．草原は，主にススキ・ネザサ・トダシバ・ヤマハギなどで構成され，キスミレ・ハルリンドウ・ハナウド・シシウド・ユウスゲ・オミナエシ・ハギなどが季節とともに次々と花を咲かせる．ヒゴタイ・ハナシノブ・ツクシマツモトなど，希少植物の種類も多い．草原では，採草や牛馬の放牧，野焼きなどで，人の手が加え続けられてきた．すなわち阿蘇の草原は，本来の自然林が人の手で改変され，永年の草原管理・維持活動で遷移が妨げられている半自然の植生であり，数百年から 1000 年の歴史があるといわれる．

　森林は，自然林のほかスギ・ヒノキなどの人工林もあり，山地や谷壁などの急斜面を中心に各地に断片的に分布する．阿蘇山およびカルデラ壁付近に残存する自然林としては，東端の根子岳上部斜面（ヤマヤナギ・ヤシャブシ・ノリウツギ・アセビなどの低木林）（◆3），南側のカルデラ壁上部一帯（ブナ・ミズナラ・カエデ類などの落葉樹林），カルデラ西端の立野付近の北向山（シイなどの常緑樹やケヤキ・カエデ類などの落葉樹を交えた混交林，"北向谷原始林"，国指定天然記念物）などがある．

　火山荒原は，火山灰や火山岩塊などで構成される土地にイタドリ・コイワカンスゲ・カリヤスモドキ・キリシマノガリヤスなどの限られた植物が散在する砂漠状の土地である．特に中岳火口の

◆1 阿蘇山山頂部（西側から望む）
右側上部に中岳火口からの白煙．
山頂部一帯の紫灰色部は火山荒
原．

◆2 草千里ケ浜（草原）と烏帽子
岳北斜面のミヤマキリシマ 上部
の白い建物は阿蘇火山博物館．

◆3 根子岳山頂部 中央の突出丘
は天狗岩（1433 m）．

九州

阿蘇山

南〜南東周辺に広がる砂千里ケ浜（通称"砂千里"，標高1240〜1250 mの中岳新期山体の火口原）一帯は，アクセスも容易で，この火山荒原の成り立ちや植生を取り巻く環境条件などを知るうえできわめて興味深い場所である（◆4）．中岳火口南方の砂千里は，北側の最新期火砕丘上部の開析に伴って山麓に生じた扇状地性の広い南向き斜面と，南側の新期火山体の火口壁から北側へ傾斜する狭い北向き斜面で構成される．ここにはイタドリが生えた小砂丘（"イタドリ塚"，一般に基底径5 m以下，高さ2 m以下）が多数分布する（◆5）．砂千里は，火山灰を主とする細粒物で構成される裸地が広く発達し，しばしば強風が吹く場所（"高所強風所"）である．ここでは強風時には飛砂が生じ，季節により異なる方向の飛砂も観察される．イタドリ塚の表面には，イタドリそのものが飛砂の障害物となって堆積した砂が観察される．一方，イタドリ塚の内部には，イタドリの根系がはりめぐらされ，また，飛砂よりも細粒の火山灰層も認められる．このことは，イタドリが飛砂や噴火に伴う火山灰の堆積に打ち勝って生育し続けたことで，イタドリ塚が成長してきたことを示している．すなわちイタドリ塚は，障害物砂丘（ネブカ nebkha）の要素と，噴火に伴い堆積した火山灰がイタドリの存在で侵食・流失から免れて残存している"残留丘"の要素を併せもつ砂丘である．

　砂千里の南隣にある新期山体の南向き斜面上には，イタドリ塚の他に多数のコイワカンスゲの群落がみられる（◆6）．コイワカンスゲは，半球状の小塚（"スゲ塚"と略称，一般に基底径が1 m以内，高さ50 cm程度以内）をなす．スゲ塚の内部は，火山灰とコイワカンスゲの密な根系で構成され，イタドリ塚と類似の成因が考えられる．ここのスゲ塚で興味深いのは，塚の北側（火口側）の植被が欠如して，内部の火山灰と根系が露出しているものが多いことである（◆7）．これは，中岳火口からの火山ガスの影響で火口に面する側のコイワカンスゲが枯死したことによると思われる（イタドリ塚では，火口側の一部の枝葉のみが枯れたイタドリが時折観察される）．スゲ塚周辺の土地は，火山岩塊がゴロゴロして歩きにくい裸地で，スゲ塚とは異なる成因で生じたことを示す．

　ミヤマキリシマ群落は，山上の駐車場周辺，高岳頂部付近，仙酔峡（中岳北方），烏帽子岳斜面，杵島岳・往生岳頂部付近などに分布する．ミヤマキリシマは，火山灰による埋没や野焼きなどによる多少の被害を受けても枯死しないたくましいツツジ科の灌木で，5月から6月の開花期には群落一帯の山肌がピンクに染まり，登山客を楽しませる．

［横山勝三］

◆ 4 砂千里ケ浜（中岳火口南方） 中央上部は最新期火砕丘．中央部の褐色の小丘群はイタドリ塚．

◆ 5 イタドリ塚

◆ 6 コイワカンスゲ群落

◆ 7 内部が露出したコイワカンスゲ塚　折尺の長さは1m．手前が中岳火口側．

九州

阿蘇山

51 霧島山

多様な火山地形

きりしまやま
宮崎県・鹿児島県/標高 1700 m
北緯 31°56′03″ 東経 130°51′42″（韓国岳）

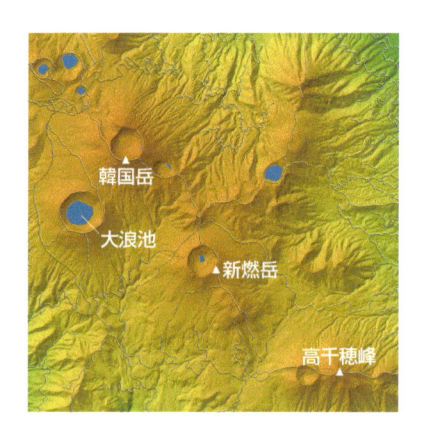

　宮崎県と鹿児島県にまたがる霧島山は，特色ある20あまりの小火山の総称である．擂り鉢状の大きな火口をもつ韓国岳（1700 m，◆1）や新燃岳（1420 m），スコリア丘の御鉢，きれいな裾野をのばす成層火山の高千穂峰（1574 m，◆2），大きな火口に水をたたえた大浪池火山，台形のような山体の甑岳（1301 m，◆3）など個性ある火山に加え，六観音御池や白紫池などの火口湖，マールとよばれる爆発的噴火で生じた凹地に水をたたえた御池や琵琶池，さらには今日でも火山ガスを噴出している硫黄山などが霧島山を形成している．韓国岳から高千穂峰までの主脈は，北西–南東に連なっている．九州では阿蘇カルデラ，姶良カルデラ，阿多カルデラなどのようにカルデラ火山が多い中，霧島山は5万分の1地形図（霧島山図幅）1枚にすべての火山が入るほど集中している．さらに，大きな火口をもつ火山が多いことに特徴がある（◆4）．この霧島山という名称は，霧におおわれた宮崎県都城盆地の向こうに，雲霧より抜きんでた高千穂峰などの山々が，浮いた島のようにみえることから名付けられたという．

　今日みられる霧島山の形成は，新第三紀（鮮新世）に噴火した安山岩を土台として，数十万年前の栗野岳の噴火からはじまる．栗野岳に続いて湯之谷岳，烏帽子岳，矢岳などが噴火した．これらは◆4に示したように，今日では侵食が進み，火口の一部は削りとられている．一方，明瞭な火口をもつ韓国岳，大浪池，新燃岳，御鉢，あるいは高千穂峰や夷守岳（1344 m）などの火山，六観音御池や白紫池などの火口湖は，6万〜5万年前以降の活動によるものである．夷守岳はその後，山体の北東部が大崩壊して流れるようにして崩れ落ちた．小林インターチェンジ付近にみられる多数の小山がその崩壊物で，流れ山とよばれる．完新世に入ってからは，北部では甑岳や飯盛山が独立した小火山を形成し，不動池火山，硫黄山も噴火した．また，高千穂峰の山麓に位置する御池は縄文時代に大爆発をおこしている．歴史時代に入ると，御鉢と新燃岳がたびたび噴火を繰り返している．特に，御鉢火山は788年，1235年，1566年に，新燃岳は1716〜17年に大噴火が起こった．また，1768年に噴火した硫黄山では火口より北側に溶岩の流動を示す縞模様が明瞭である．火口付近では今日でも噴気孔から亜硫酸ガスをふきあげており，その周囲には硫黄の結晶がみられる．さらに20世紀以後，御鉢は1923年に，新燃岳は1959年と1992年に水蒸気爆発をおこしている．新燃岳は2011年にも噴火し，周辺の立ち入りが規制されている．

　霧島山では，近年まで噴火を繰り返している新しい火山が存在すること，透水力が大きく，侵食されやすい火山地質であること，また，個々の山が独立した火山体であって各山頂部は強風が吹きつける風衝地をなすことから，多様な植生景観を示している．

◆1 白鳥山からみる韓国岳
韓国岳の頂上付近には爆裂火口がある．その手前は硫黄山で，現在でも噴気をあげている．さらに手前の湖は白紫池で火口湖である．

◆2 西岳山腹からみた高千穂峰と御鉢 いちばん背後の三角形の頂が高千穂峰，その手前が御鉢．御鉢の斜面を切り刻む沢に沿って低木が上昇している．

◆3 白鳥山からみる夷守岳，甑岳，六観音御池（火口） 写真左の甑岳の山体はモミ-ツガ林（国指定天然記念物）におおわれている．

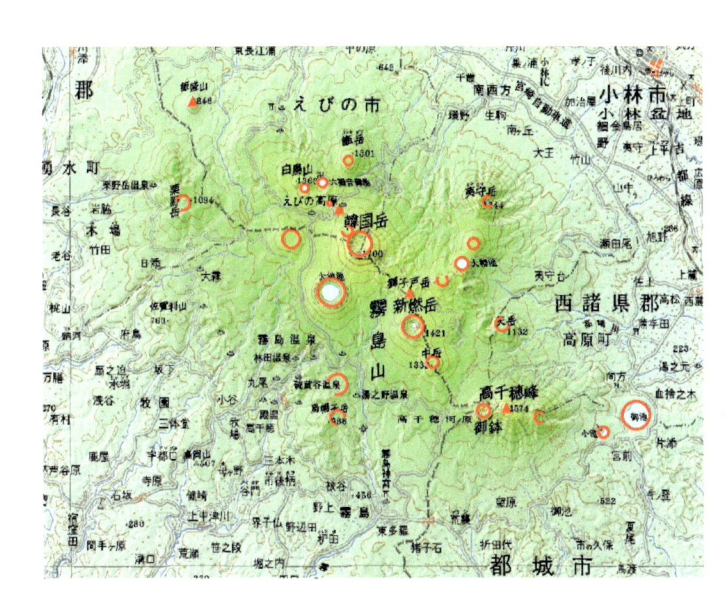

◆4 霧島山の火山分布 1/20万地勢図「鹿児島」における1/5万地形図「霧島山」図幅．円で示したした火山は火口の明瞭な火山，馬蹄形となった火山は火口の崩壊を示す．▲は円形の火口をもたない火山．

九州

霧島山

霧島の名を付けた霧島を代表する植物であるミヤマキリシマは，標高1000m以上の開放地に優占し，新燃岳，中岳（1332m）に大群落がある．ミヤマキリシマは山腹などの生育条件の良好な立地では樹高1m以上になるが（◆5），頂上付近の風衝地では高さ数十cm程度になり，匍匐して生育している（◆6）．5月末から6月にピンク色の花をつけ，群生地ではピンク色のじゅうたんを敷いたような美しい景観となる．

　森林を形成する樹木が上昇して生育限界となるところを森林限界というが，韓国岳，新燃岳，御鉢，高千穂峰などにおいては気温だけではなく，火山噴火の影響や火山岩質の表土などの影響によって，森林限界はかなり低い位置にある．韓国岳では近年の火山活動の影響を受けなかった南から西山腹ではモミ・ツガ林は1200m付近まで上昇しており，歴史時代の噴火による森林火災の影響を受けた高千穂峰や新燃岳では夏緑広葉樹林またはアカマツが標高1000m付近で森林限界をつくる．それより高所はノリウツギ，タンナサワフタギ，ヤシャブシなどの低木林やミヤマキリシマ群落となり，風衝地ではノリウツギやミヤマキリシマなどは風下に枝がなびく偏形樹（◆7）あるいは匍匐状となって生育するようになる．韓国岳や高千穂峰などの山頂部は植被に乏しい荒地となり，高山的な開放的景観を現している．また，御鉢と高千穂峰の接する標高1400〜1420mのゆるやかな斜面の風衝地では，コイワカンスゲにおおわれた斜面が丸く盛り上がり，北海道の寒冷地にみられるアースハンモックに似た特異な植生景観を呈している（◆8）．

　その他特徴のある植生として，世界中でえびの高原の一部にのみ生育するバラ科リンゴ属のノカイドウの小群落，えびの高原より北東に下った標高1100〜1200mに分布するアカマツ千本松原の樹齢200年をこえるアカマツ林，大浪池と韓国岳の間に生育している南限に近いブナ林をあげることができる．えびの高原（標高約1200m）にはススキ草原が分布するが，硫黄山などの噴気孔から噴出される亜硫酸ガスの作用によって，秋にはススキの穂が赤色（エビ色）に変化することから，「えびの」という名が与えられた．

　1866年（慶応2年）に坂本龍馬が妻・お竜と高千穂峰に登るなど，霧島山は，登山や観光の対象として多くの人に愛されてきた．近年では韓国からの登山者も増加しており，道標にもハングルがみられるようになった．

［横山秀司］

◆5 えびの高原のミヤマキリシマ　樹高は1m以上ある．背後は韓国岳の爆裂火口．

◆6 中岳山頂（1332m）付近の風衝地で匍匐状になったミヤマキリシマ　林床にはマイズルソウがみられる．

◆7 ノリウツギの偏形樹　韓国岳の北西斜面，標高1520m付近．

◆8 アースハンモック状となったコイワカンスゲなどのスゲ類の群落　御鉢から高千穂峰にかけての標高1400m付近に広がる．

九州

霧島山

52 大崩山

天を刺す巨大な岩峰

おおくえやま
宮崎県/標高 1644 m
北緯 32°44′16″東経 131°30′47″

　大分県と宮崎県の県境付近に，祖母山(そぼさん)（1756 m），傾山(かたむきやま)（1602 m），大崩山（1643 m）という変わった名前の山が並んでいる．三山は本州の山と比べると決して高くはないが，九州本島では久重連山に次ぐ高さをもち，予想以上に奥深く，険しい．なかでも大崩山は険しく，天を刺す巨大な岩峰や岩壁が至るところに現れ，圧倒的な迫力で迫ってくる（◆1）．いわゆる「日本百名山」にこの山が入らなかったのは不思議としかいいようがない．これほどの山が関東か関西にあったら，谷川岳のような人気のある山となっていただろう．

　この山の表口は山の東側に当たる祝子川(ほうりがわ)の登山口で，そこからは岩場を一周する魅力的なコースがある．しかしこの山は登りよりも下りに時間がかかるという危険な山なので，私たちがとったのは，西側から上がって山頂に達し，東側の湧塚(わくづか)を下るというコースであった．大崩山は西から登るとただの藪山である．途中のブナ林がきれいなだけで，あとは山頂近くで，氷期に形成された岩塊斜面らしいゴロゴロした岩が目立つ程度である．ところが東に下って海抜1400 m くらいから下になると，地形は急に険しくなり，至るところに岩峰や岩壁が現れる．そしてそれに伴ってそれまでの落葉広葉樹の林から，急にヒメコマツやツガ，モミ，アカマツなどの針葉樹の林に変化する（◆2）．この変化は地質の変化に伴うものである．大崩山では山頂部に熱で変成した砂岩や頁岩，礫岩などの四万十帯の堆積岩があり，その下に花崗岩がある（◆3）．堆積岩の部分の地形はなだらかだが，花崗岩地域では侵食に弱い部分が削り取られ，強い部分だけが残って険しい岩峰になった．大崩山を代表する下湧塚（◆4）や小積塚の岩峰はこのようにしてできたものである．

　上に堆積岩があり，下に花崗岩があるのは，地下深くから上昇してきたマグマが堆積岩を押し上げ，地下で固まって花崗岩になったということを意味するのだが，大崩山の形成史はそう単純ではない．『花崗岩が語る地球の歴史』によれば，大崩山では 1400 万年くらい前，リング状になった割れ目から大量の火砕流を噴出し，そのためリングの中央部は堆積岩を乗せたまま陥没してカルデラ（正確にいうとコールドロン）をつくった．このようなカルデラをピストン型カルデラと呼ぶが，ここのは直径 30 km をこえる巨大なものである．その後，リング状の割れ目にはマグマが上昇してきて固まり，花崗斑岩という環状の岩脈になった．この岩はたいへん硬いため，その後の侵食に耐えて残り，各地で岩峰をつくっている．延岡市の行籐山(むかばきやま)や可愛岳(えのだけ)，日之影温泉東方の丹助岳，矢筈岳(やはず)，比叡山などは，この花崗斑岩がつくる岩峰である．一方，陥没したカルデラの内部にはその後，マグマが上昇してきて花崗岩となった．そして長い時間の経過の中で，全体が隆起し，それに伴ってまわりの侵食が進んだために，カルデラの内部が現れたのが，大崩山の現在の姿だという．

［小泉武栄］

◆1 　上湧塚の岩峰

◆3 　大崩山山頂部　花崗岩の部分が白くみえる．山頂部は堆積岩でできているため，森林に覆われている．

◆2 　岩峰に生育する針葉樹

◆5 　アケボノツツジの花

◆4 　下湧塚の岩峰

九州

大崩山

53 宮之浦岳
南海の洋上アルプス

みやのうらだけ
鹿児島県/標高 1936 m
北緯 30°20′10″ 東経 130°30′15″

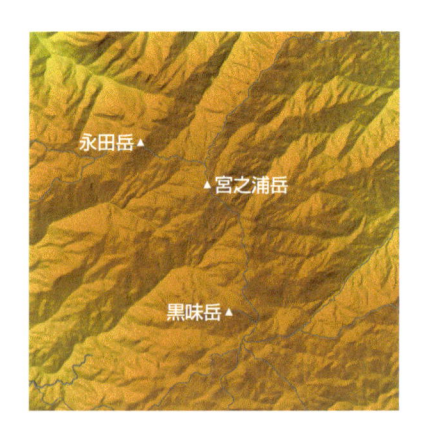

屋久島の位置付けを考える際, "重層的"という言葉が常に思い浮かぶ. 地図上の2次元的空間としてみれば, 九州と沖縄の間に位置しているが, 3次元的立体としてみれば, 九州本土との間の海深が100 m前後なのに対し, 奄美や沖縄との間には1000 m近い海深を有している. しかし, 上記の姿は, あくまで"間氷期"という, 現在に限ってのこと, この地に育まれる生物の"種"の歴史を考えるためには, そこにいたる"時間"にまつわる展開も考えなくてはならない. ある時代には北の本土との関連が, また別の時代には南の島々との関連が, さらには東シナ海が成立する以前の大陸との関連があった時代もあるはず. それらを複合的に見渡してこそ, 屋久島の自然の本質がみえてくるのである.

今, 我々が知りうる島の成立の歴史は, おおよそ以下のとおり. 地層の基盤は, 海底堆積層の四万十累層群熊毛層群で, 約1400万年前, 熊毛層群にマグマが食い込んで隆起しはじめた. 後に, 島の中央付近から花崗岩が突き抜けて隆起し, 現在の島の大勢ができあがった.

気候的には, 亜熱帯と温帯のボーダーラインに位置し, 低地は亜熱帯, 山地は温帯に属するが, 山が高い分, 上部は, 冷温帯の要素を帯びることになる. その上, 洋上に孤立していることによる"山塊効果"で, 低地はより温暖な気候に, 高地はより寒冷な気候に増幅される. そして, 島の周囲を洗う黒潮がもたらす, 多量の雨. 加えてはじめに記したごとく, 悠久の地球の歴史から引き継がれてきた, 根源的な要素. この小さな島に, 幾多の固有種や隔離分布種を含む, 複雑多様な生態系が成り立っているのも, むべなるかな, といえるのである.

標高0 mの安房の町から, 標高1300 mあまり林道終点までは, 通常車で登ることになるが, 実はこの間が屋久島自然観察のハイライト, 時には車を降りてあたりの自然を観察しよう. なお, 安房川河口の右岸から徒歩20分の辺りに広がる春田浜は, 世界最北端の隆起サンゴ礁の一つ. シマセンブリほか, 多数の分布北限の植物が観察できるので, 登山前にぜひ訪ねておきたい.

気根が絡みあった奇怪な姿のガジュマルやアコウ, ヘゴ, オオタニワタリといった亜熱帯・熱帯性植物の茂る山麓をスタート（◆1）, 濃い緑の照葉樹林の中を登っていく. タブノキなどのおなじみの照葉樹に混じって, 屋久島が属の分布北限となる野生サルスベリ（ヤクシマサルスベリ）の白い花や, 屋久島固有の温帯系のカエデ, ヤクシマオナガカエデの明るい緑の葉が目立つ. ヤクシマオナガカエデは, ごく近縁の種が, 本州中部など（ホソエカエデ）と台湾に, 南北に飛び離れて分布している. 標高1000 mあたりから上には生育せず, 山頂稜線にいたって, 同じグループの分布南限種のウリハダカエデが現れる.

◆1　メヒルギのマングローブ（後方は七五岳 1488 m）　◆2　ヤクシマコンテリギ

◆3　スギの幹を取り囲んだヤマグルマ　◆4　小花之江河

九州

宮之浦岳

屋久島の低地帯に豊産する植物のひとつが，野生アジサイのヤクシマコンテリギ（◆2）．こちらも標高1000mの手前で，分布南限の近縁種コガクウツギに入れ替わる．しばしば三島列島やトカラ列島産のトカラアジサイと同じ種とされるが，形態的な差はきわめて明瞭で，明らかな固有種，むしろ台湾や中国産のカラコンテリギに類似する（ちなみに隣の種子島にはまったく分布しない）．果実の黄色いキイチゴ，モミジイチゴの仲間は，安房の町周辺には，分布北限種のリュウキュウイチゴが，林道終点付近には固有種のヤクシマキイチゴがみられるが，中間点でみられるのは，さまざまなパターンの両種の交雑個体である．

途中，小さな渓流をいくつも横切る．ギザギザの異様な葉のカンツワブキは，屋久島の低地帯と，種子島のごく一部に産するのみで，他の地域からはまったく知られていない．やはり低標高地の渓流にみられる屋久島固有種ホソバハグマは，より標高の高い地に生える分布南限種のキッコウハグマよりも，中国南部に飛び離れて分布するアツバハグマに類似し，以前は同一種とされたこともあった．

屋久杉ランドの手前，標高1000m付近から，野生のスギが出現する．屋久島が分布南限とされるが，九州には野生株がほとんど確認されていず，四国・本州から隔離分布，逆に，東シナ海を隔てた中国東部の天目山などにも野生種があり，屋久島は分布の中心に位置しているとみることもできる．屋久杉ランドから上は，林道沿いにスギの巨木が屹立するが，ほとんどの幹にはヤマグルマ（◆3）が絡まりついていて，まるで格闘中のようにもみえる．初夏には，着生のヤクシマシャクナゲも美しい．

林道終点から，原生林の中を30分ほどで淀川小屋．スギ・モミ・ツガの巨木が林立する急坂を登りきったところが，日本南端の高層湿原の，小花之江河（こはなのえごう）・花之江河（はなのえごう）（◆4）．その少し先の黒味岳（くろみだけ）分岐から，左に道を分け，黒味岳の頂きに登ってみよう．正面に対峙する宮之浦岳と永田岳などの山々が，ヤクザサの明るい緑色なのと対照的に，名のとおり灌木におおわれた黒々とした山体である．灌木の中には，屋久島固有種のシャクナンガンピ（◆5）が目立つ．九州大崩山（おおくえ）に唯一の同属種ツチビノキが知られているだけの，屋久島を代表する植物．はいつくばって目を地肌に向けると，豆粒のような極小のサルトリイバラの仲間のヒメカカラ，屋久島の高地と，奄美大島湯湾岳（ゆわんだけ）山頂付近にのみ分布する．やはり極小サイズのヤクシマシロバナノヘビイチゴ（野生ストロベリーの一種）は，本州中部の高山に基準亜種が，分岐点付近の林床にみられ，こちらも極小サイズのヒメキクタビラコは，台湾高地に同属近縁種が，それぞれ南北に1000km離れて分布している．

屋久島の花の名山は，この黒味岳（1831m）と永田岳（1886m，◆6）．ここから引き返しても，充分に満足できよう．この先，宮之浦岳をこえて，縄文杉方面に向かう主稜線は，一面のヤクザサ草原，尾根上とはいえ水流が豊富で，花崗岩が侵食されて深くえぐれた登山道は，歩きにくい．6月の第一週には，一面のヤクシマシャクナゲのピンクのカーペットがみごと．ササ原上のあちこちに，人面などさまざまな意匠を模したような，異様な巨岩（◆7）が鎮座し，一見古代人の創作のようにも思えるが，むろん自然の産物．屋久島の花崗岩の中には，屋久島長形石とよばれる，特徴的な雲母の結晶が観察できる．

初秋，岩肌からは大型の特異なリンドウ，ヤクシマリンドウ（◆8）が垂れ下がっている．同じグループの種は，中国西南部の高山などに隔離分布する，屋久島を代表する植物である．

［青山潤三］

◆5 シャクナンガンピ

◆6 黒味岳山頂から宮之浦岳と永田岳を望む（3月上旬，手前はヤクシマアセビのつぼみ）

◆7 山上の巨岩

◆8 ヤクシマリンドウ

九州

宮之浦岳

157

◆日本の主な山のリスト *

番号	山名〈山頂名〉	標高	緯度	経度	都道府県
1	利尻山（りしりざん）①	1721m	45°10′43″	141°14′31″	北海道・利尻島
2	暑寒別岳（しょかんべつだけ）⑤	1492m	43°42′57″	141°31′23″	北海道（増毛山地）
3	大雪山〈旭岳〉（たいせつざん〈あさひだけ〉）②	2291m	43°39′49″	142°51′15″	北海道（石狩山地）
4	トムラウシ山（とむらうしやま）③	2141m	43°31′38″	142°50′56″	北海道（石狩山地）
5	十勝岳（とかちだけ）④	2077m	43°25′05″	142°41′11″	北海道（石狩山地）
6	トッタベツ岳（戸蔦別岳，とったべつだけ）⑥	1959m	42°44′19″	142°41′42″	北海道（日高山脈）
7	幌尻岳（ぽろしりだけ）⑥	2053m	42°43′10″	142°40′58″	北海道（日高山脈）
8	八甲田山〈大岳〉（はっこうださん〈おおだけ〉）⑦	1585m	40°39′32″	140°52′38″	青森県（奥羽山脈）
9	岩木山（いわきさん）	1625m	40°39′21″	140°18′11″	青森県（白神山地）
10	岩手山（いわてさん）⑨	2038m	39°51′09″	141°00′04″	岩手県（奥羽山脈）
11	早池峰山（はやちねさん）⑧	1917m	39°33′31″	141°29′19″	岩手県（北上高地）
12	蔵王山〈屏風岳〉（ざおうざん〈びょうぶだけ〉）	1825m	38°05′45″	140°28′34″	宮城県（奥羽山脈）
13	秋田駒ケ岳〈男女岳〉（あきたこまがたけ〈おなめだけ〉）	1637m	39°45′40″	140°47′58″	秋田県（奥羽山脈）
14	鳥海山〈新山〉（ちょうかいざん〈しんざん〉）⑩	2236m	39°05′57″	140°02′56″	山形県（出羽山地）
15	飯豊山（いいでさん）⑪	2105m	37°51′17″	139°42′26″	福島県（飯豊山地）
16	磐梯山（ばんだいさん）⑫	1816m	37°36′04″	140°04′20″	福島県（奥羽山脈）
17	会津駒ケ岳（あいづこまがたけ）⑬	2133m	37°02′51″	139°21′13″	福島県
18	燧ケ岳〈柴安嵓〉（ひうちがたけ〈しばやすぐら〉）㉑	2356m	36°57′18″	139°17′07″	福島県
19	八溝山（やみぞさん）	1022m	36°55′49″	140°16′23″	茨城県／福島県
20	男体山（なんたいさん）㉒	2486m	36°45′54″	139°29′27″	栃木県
21	平ケ岳（ひらがたけ）⑭	2141m	37°00′07″	139°10′15″	群馬県／新潟県
22	至仏山（しぶつさん）㉑	2228m	36°54′13″	139°10′24″	群馬県
23	草津白根山（くさつしらねさん）⑱	2160m	36°38′38″	138°31′40″	群馬県
24	本白根山（もとしらねさん）⑱	2171m	36°37′22″	138°31′55″	群馬県
25	妙義山〈相馬岳〉（みょうぎさん〈そうまだけ〉）㉓	1104m	36°17′55″	138°44′56″	群馬県（関東山地）
26	日光白根山（にっこうしらねさん）㉒	2578m	36°47′55″	139°22′33″	群馬県／栃木県
27	巻機山（まきはたやま）⑮	1967m	36°58′43″	138°57′51″	群馬県／新潟県（越後山脈）
28	谷川岳〈茂倉岳〉（たにがわだけ〈しげくらだけ〉）⑯	1978m	36°50′57″	138°55′00″	群馬県／新潟県（越後山脈）
29	雲取山（くもとりやま）	2017m	35°51′20″	138°56′38″	埼玉県／東京都（関東山地）
30	三宝山（さんぽうやま）	2483m	35°55′03″	138°43′40″	埼玉県／長野県（関東山地）
31	愛宕山（あたごやま）	408m	35°06′54″	139°59′13″	千葉県
32	天上山（てんじょうさん）㉙	572m	34°13′10″	139°09′11″	東京都・神津島
33	蛭ケ岳（ひるがたけ）	1673m	35°29′11″	139°08′20″	神奈川県（丹沢山地）
34	丹沢山（たんざわさん，たんざわやま）㉕	1567m	35°28′27″	139°09′46″	神奈川県（丹沢山地）
35	金北山（きんぽくさん）⑳	1172m	38°06′14″	138°20′59″	新潟県・佐渡島
36	火打山（ひうちやま）⑲	2462m	36°55′22″	138°04′05″	新潟県
37	妙高山（みょうこうさん）⑲	2454m	36°53′29″	138°06′49″	新潟県
38	苗場山（なえばさん）⑰	2145m	36°50′45″	138°41′25″	新潟県／長野県
39	小蓮華山（これんげさん）	2766m	36°46′25″	137°46′34″	新潟県／長野県（飛騨山脈）
40	劔岳（つるぎだけ）㉛	2999m	36°37′24″	137°37′01″	富山県（飛騨山脈）
41	立山〈大汝山〉（たてやま〈おおなんじやま〉）㉜	3015m	36°34′33″	137°37′11″	富山県（飛騨山脈）
42	白馬岳（しろうまだけ）㉚	2932m	36°45′31″	137°45′31″	富山県／長野県（飛騨山脈）
43	白山〈御前峰〉（はくさん〈ごぜんがみね〉）㊶	2702m	36°09′18″	136°46′17″	石川県／岐阜県（白山山地）
44	二ノ峰（にのみね）	1962m	36°04′49″	136°45′35″	福井県
45	瑞牆山（みずがきやま）㉔	2230m	35°53′36″	138°35′31″	山梨県（関東山地）
46	地蔵ケ岳（じぞうがたけ）㊴	2764m	35°42′44″	138°17′55″	山梨県（赤石山脈）
47	観音ケ岳（かんのんがだけ）㊴	2840m	35°42′06″	138°18′17″	山梨県（赤石山脈）
48	薬師ケ岳（やくしがだけ）㊴	2780m	35°41′46″	138°18′42″	山梨県（赤石山脈）
49	北岳（きただけ）㊵	3193m	35°40′28″	138°14′20″	山梨県（赤石山脈）
50	甲斐駒ケ岳（かいこまがたけ）㊳	2967m	35°45′29″	138°14′12″	山梨県／静岡県（赤石山脈）
51	仙丈ケ岳（せんじょうがたけ）	3033m	35°43′12″	138°11′01″	山梨県／静岡県（赤石山脈）
52	間ノ岳（あいのだけ）㊵	3189m	35°38′46″	138°13′42″	山梨県／静岡県（赤石山脈）

* 本表では，(1) 本書の項目見出しとなっている山（丸数字をつけた），(2) 標高3000m以上の山，(3) 各都道府県の最高峰，

国立公園・国定公園	備考
利尻礼文サロベツ国立公園	別名：利尻富士
暑寒別天売焼尻国定公園	
大雪山国立公園	北海道の最高峰．北鎮岳 2244 m，白雲岳 2230 m，愛別岳 2113 m，黒岳 1984 m
大雪山国立公園	
大雪山国立公園	
日高山脈襟裳国定公園	
日高山脈襟裳国定公園	
十和田八幡平国立公園	高田大岳 1552 m
津軽国定公園	青森県の最高峰
十和田八幡平国立公園	別名：厳鷲山（がんじゅさん），岩手県の最高峰
早池峰国定公園	
蔵王国定公園	宮城県の最高峰
十和田八幡平国立公園	秋田県の最高峰
鳥海国定公園	山形県の最高峰
磐梯朝日国立公園	
磐梯朝日国立公園	
尾瀬国立公園	
尾瀬国立公園	福島県および東北地方の最高峰
	茨城県の最高峰
日光国立公園	
越後三山只見国定公園	
尾瀬国立公園	
上信越高原国立公園	
上信越高原国立公園	
妙義荒船佐久高原国定公園	上毛三山（赤城山，榛名山）
日光国立公園	群馬県・栃木県および関東地方の最高峰
上信越高原国立公園	オキノ耳 1977 m，一ノ倉岳 1974 m
秩父多摩甲斐国立公園	東京都の最高峰
秩父多摩甲斐国立公園	埼玉県の最高峰
	別名：嶺岡愛宕山，千葉県の最高峰
富士箱根伊豆国立公園	
丹沢大山国定公園	別名：薬師岳，毘盧ケ岳（びるがたけ），神奈川県の最高峰
丹沢大山国定公園	
佐渡弥彦米山国定公園	
上信越高原国立公園	
上信越高原国立公園	
上信越高原国立公園	
中部山岳国立公園	別名：大日岳（だいにちだけ），新潟県の最高峰
中部山岳国立公園	
中部山岳国立公園	富山県の最高峰
中部山岳国立公園	白馬三山（杓子岳，鑓ケ岳）
白山国立公園	石川県の最高峰
白山国立公園	福井県の最高峰（異説あり）
秩父多摩甲斐国立公園	
南アルプス国立公園	鳳凰三山
南アルプス国立公園	鳳凰三山
南アルプス国立公園	鳳凰三山
南アルプス国立公園	白根三山
南アルプス国立公園	別名：東駒ケ岳
南アルプス国立公園	
南アルプス国立公園	白根三山

を掲載した．(3) は最高地点と合致しない場合がある（特に，秋田，福井，大阪）．

◆日本の主な山のリスト（続き）

番号	山名〈山頂名〉	標高	緯度	経度	都道府県
53	西農鳥岳(にしのうとりだけ)	3051m	35°37′31″	138°13′47″	山梨県／静岡県（赤石山脈）
54	農鳥岳(のうとりだけ)	3026m	35°37′16″	138°14′13″	山梨県／静岡県（赤石山脈）
55	富士山〈剣ケ峯〉(ふじさん〈けんがみね〉)㉖	3776m	35°21′39″	138°43′39″	山梨県／静岡県
56	槍ケ岳(やりがたけ)㉝	3180m	36°20′31″	137°38′51″	長野県（飛騨山脈）
57	縞枯山(しまがれやま)㉘	2403m	36°04′32″	138°19′52″	長野県
58	御嶽〈剣ケ峰〉(おんたけ〈けんがみね〉)㊱	3067m	35°53′34″	137°28′49″	長野県
59	木曽駒ケ岳(きそこまがたけ)㊲	2956m	35°47′22″	137°48′16″	長野県（木曽山脈）
60	八ケ岳〈赤岳〉(やつがたけ〈あかだけ〉)㉗	2899m	35°58′15″	138°22′12″	長野県／山梨県
61	大喰岳(おおばみだけ)	3101m	36°20′09″	137°38′45″	長野県／岐阜県（飛騨山脈）
62	中岳(なかだけ, なかのだけ)	3084m	36°19′47″	137°38′48″	長野県／岐阜県（飛騨山脈）
63	南岳(みなみだけ)	3033m	36°19′08″	137°39′03″	長野県／岐阜県（飛騨山脈）
64	涸沢岳(からさわだけ)	3110m	36°17′45″	137°38′49″	長野県／岐阜県（飛騨山脈）
65	奥穂高岳(おくほたかだけ)㉞	3190m	36°17′21″	137°38′53″	長野県／岐阜県（飛騨山脈）
66	塩見岳(しおみだけ)	3047m	35°34′26″	138°10′59″	長野県／静岡県（赤石山脈）
67	前岳(まえだけ)	3068m	35°29′39″	138°09′51″	長野県／静岡県（赤石山脈）
68	赤石岳(あかいしだけ)	3120m	35°27′40″	138°09′26″	長野県／静岡県（赤石山脈）
69	聖岳〈前聖岳〉(ひじりだけ〈まえひじりだけ〉)	3013m	35°25′22″	138°08′23″	長野県／静岡県（赤石山脈）
70	茶臼山(ちゃうすやま)	1415m	35°13′39″	137°39′20″	長野県／愛知県
71	乗鞍岳〈剣ケ峰〉(のりくらだけ〈けんがみね〉)㉟	3026m	36°06′23″	137°33′13″	岐阜県／長野県（飛騨山脈）
72	悪沢岳(わるさわだけ)	3141m	35°30′03″	138°10′57″	静岡県（赤石山脈）
73	中岳(なかだけ)	3083m	35°29′48″	138°10′01″	静岡県（赤石山脈）
74	伊吹山(いぶきやま)	1377m	35°25′04″	136°24′23″	滋賀県（越美・伊吹山地）
75	皆子山(みなこやま)	972m	35°12′08″	135°50′07″	京都府／滋賀県
76	氷ノ山(ひょうのせん)㊸	1510m	34°03′31″	134°30′50″	兵庫県／鳥取県（中国山地）
77	大峰山〈山上ケ岳〉(おおみねさん〈さんじょうがたけ〉)㊷	1719m	34°15′09″	135°56′28″	奈良県
78	八経ケ岳(はっきょうがだけ)	1915m	34°10′25″	135°54′27″	奈良県（大峰山脈）
79	大台ケ原山〈日出ケ岳〉(おおだいがはらざん〈ひのでがたけ〉)	1695m	34°11′07″	136°06′33″	奈良県／三重県（紀伊山地）
80	葛城山(かつらぎさん)	959m	34°27′22″	135°40′56″	奈良県／大阪府
81	龍神岳(りゅうじんだけ)	1382m	35°21′14″	135°34′27″	和歌山県
82	扇ノ山(おうぎのせん)㊸	1310m	35°26′23″	134°26′27″	鳥取県（中国山地）
83	大山〈剣ケ峰〉(だいせん〈けんがみね〉)㊹	1729m	35°22′16″	133°32′46″	鳥取県（中国山地）
84	大満寺山(だいまんじさん)㊽	608m	36°15′24″	133°19′49″	島根県・隠岐
85	三瓶山〈男三瓶山〉(さんべさん〈おさんべさん〉)㊺	1126m	35°08′26″	132°37′18″	島根県（中国山地）
86	恐羅漢山(おそらかんざん)	1346m	34°35′44″	132°07′47″	島根県／広島県（中国山地）
87	後山(うしろやま)	1345m	35°11′13″	134°24′40″	岡山県／兵庫県（中国山地）
88	寂地山(じゃくちさん)	1337m	34°28′02″	132°03′16″	山口県／島根県（中国山地）
89	剣山(つるぎさん)	1955m	33°51′13″	134°05′39″	徳島県（剣山地）
90	竜王山(りゅうおうざん)	1060m	34°06′56″	134°02′54″	徳島県／香川県（讃岐山地）
91	三嶺(みうね, さんれい)	1893m	33°50′22″	133°59′16″	徳島県／高知県（四国山地）
92	東赤石山(ひがしあかいしやま)㊻	1706m	33°52′30″	133°22′30″	愛媛県（石鎚山系）
93	石鎚山〈天狗岳〉(いしづちさん〈てんぐだけ〉)㊼	1982m	33°46′04″	133°06′54″	愛媛県（石鎚山系）
94	経ケ岳(きょうがたけ)	1075m	32°59′15″	130°04′34″	佐賀県／長崎県
95	雲仙岳〈平成新山〉(うんぜんだけ〈へいせいしんざん〉)㊾	1483m	32°45′41″	130°17′56″	長崎県
96	阿蘇山〈高岳〉(あそさん〈たかだけ〉)㊿	1592m	32°53′04″	131°06′14″	熊本県
97	国見岳(くにみだけ)	1739m	32°32′50″	131°01′06″	熊本県／宮崎県（九州山地）
98	九重山〈中岳〉(くじゅうさん〈なかだけ〉)	1791m	33°05′09″	131°14′56″	大分県
99	釈迦岳(しゃかだけ)	1231m	33°11′15″	130°53′21″	大分県／福岡県
100	祖母山(そぼさん)	1756m	32°49′41″	131°20′49″	大分県／宮崎県（九州山地）
101	大崩山(おおくえやま)㊾	1644m	32°44′16″	131°30′47″	宮崎県（九州山地）
102	霧島山〈韓国岳〉(きりしまやま〈からくにだけ〉)㊾	1700m	31°56′03″	130°51′42″	宮崎県／鹿児島県
103	宮之浦岳(みやのうらだけ)㊾	1936m	30°20′10″	130°30′15″	鹿児島県・屋久島
104	於茂登岳(おもとだけ)	526m	24°25′38″	124°11′00″	沖縄県・石垣島

国立公園・国定公園	備考
南アルプス国立公園	
南アルプス国立公園	白根三山
富士箱根伊豆国立公園	静岡県・山梨県および国内の最高峰
中部山岳国立公園	
八ヶ岳中信高原国定公園	
	別名：木曽御嶽山
	別名：西駒ケ岳，宝剣岳 2931 m
八ヶ岳中信高原国定公園	横岳 2829 m，阿弥陀岳 2805 m，硫黄岳 2760 m，権現岳 2715 m，天狗岳 2646 m など
中部山岳国立公園	
中部山岳国立公園	
中部山岳国立公園	
中部山岳国立公園	
中部山岳国立公園	岐阜県・長野県の最高峰．北穂高岳 3106 m，前穂高岳 3090 m，西穂高岳 2909 m
南アルプス国立公園	
南アルプス国立公園	別名：荒川前岳，荒川三山
南アルプス国立公園	
南アルプス国立公園	
天竜奥三河国定公園	愛知県の最高峰
中部山岳国立公園	
南アルプス国立公園	別名：東岳（ひがしだけ，あずまだけ），荒川東岳，荒川三山
南アルプス国立公園	別名：荒川中岳，荒川三山
琵琶湖国定公園	滋賀県の最高峰
	京都府の最高峰
氷ノ山後山那岐山国定公園	別名：須賀ノ山（すがのせん），兵庫県の最高峰
吉野熊野国立公園	
吉野熊野国立公園	別名：八剣山，仏教ケ岳．奈良県および近畿地方の最高峰
吉野熊野国立公園	三重県の最高峰
金剛生駒紀泉国定公園	別名：大和葛城山．大阪府の最高峰
	和歌山県の最高峰．2009 年 3 月 3 日命名．以前の最高峰は護摩壇山（1372 m）
氷ノ山後山那岐山国定公園	
大山隠岐国立公園	鳥取県および中国地方の最高峰．弥山 1709 m
大山隠岐国立公園	
大山隠岐国立公園	女三瓶山 958 m，子三瓶山 961 m，孫三瓶山 903 m
西中国山地国定公園	島根県・広島県の最高峰
氷ノ山後山那岐山国定公園	岡山県の最高峰
西中国山地国定公園	山口県の最高峰
剣山国定公園	徳島県の最高峰
	香川県の最高峰
剣山国定公園	高知県の最高峰
石鎚国定公園	愛媛県および四国地方の最高峰
	佐賀県の最高峰
雲仙天草国立公園	長崎県の最高峰．1990 年火山活動により形成，1996 年平成新山に命名．普賢岳 1359 m
阿蘇くじゅう国立公園	中岳 1506 m，根子岳（猫岳）1433 m，烏帽子岳 1337 m，杵島岳 1326 m
九州中央山地国定公園	熊本県の最高峰
阿蘇くじゅう国立公園	大分県の最高峰
	福岡県の最高峰．本釈迦 1229 m
祖母傾国定公園	宮崎県の最高峰
祖母傾国定公園	
霧島屋久国立公園	高千穂峰 1573 m，新燃岳 1421 m
霧島屋久国立公園	鹿児島県および九州地方の最高峰．山域は世界遺産に登録
西表石垣国立公園	沖縄県の最高峰

図説 日本の山－自然が素晴らしい山 50 選
文　献

全　般
小泉武栄（1993）日本の山はなぜ美しい．古今書院
小泉武栄（2009）日本と山と高山植物．平凡社新書
小泉武栄（2007）自然を読み解く山歩き－山の自然を3倍楽しむ方法．JTBパブリッシング
小泉武栄（1998）山の自然学．岩波新書
小泉武栄（2003）山の自然教室．岩波ジュニア新書
小泉武栄・清水長正編（1992）山の自然学入門．古今書院
清水長正編（2002）百名山の自然学 東日本編．古今書院
清水長正編（2002）百名山の自然学 西日本編．古今書院

1　利尻山
三浦英樹（2003）利尻島－開析される最北の火山島．日本の地形2北海道（小疇　尚ほか編），pp.229-232，東京大学出版会

2　大雪山
佐藤　謙（2007）北海道高山植物植生誌．北海道大学出版会
和田恵治（2006）北海道教育大学旭川校・和田恵治研究室ホームページ
向井正幸（1997）旭川市博物館博物館講座－表大雪を行く－
小泉武栄（1998）山の自然学．岩波新書

3　トムラウシ山
石崎泰男（1995）北海道中央部，トムラウシ火山群の地質．岩鉱，**90**：170-194
曽根敏雄・仲山智子（1993）北海道・大雪山白雲小屋における1987～1989年の気温観測資料．低温科学物理篇．資料集，**51**：31-48

4　十勝岳
中川光弘（2007）北海道の活火山．第2章4節．北海道新聞社
宇井忠英，勝井義雄（2007）災害教訓の継承に関する専門調査会報告書．第1章第2節1．災害教訓の継承に関する専門調査会
高橋正樹，小林哲夫編（1998）フィールドガイド日本の火山3 北海道の火山．築地書館
小疇　尚ほか編（2003）北海道，日本の地形2，東京大学出版会

5　暑寒別岳
佐藤博之・秦　光男・小林　勇・山口昇一・石田正夫（1964）5萬分の1地質図幅「国領」および説明書．地質調査所
宮城豊彦・守田益宗・大丸裕武（1987）雨竜沼湿原における完新世の環境変動．昭和59-61年度科学研究費補助金一般研究（B）研究成果報告書「寒冷地域にける完新世の環境変動と地形・水文特性の変化」．pp.31-41
守田益宗（1985）暑寒別岳雨竜沼湿原の花粉分析学的研究．東北地理，**37**：166-172

6　幌尻岳・トッタベツ岳
橋本　亘・小野有五・平　一弘・牧野泰彦・増田富士雄（1972）北部日高山脈から十勝平野西部にかけての第四系に関する新知見．岩井淳一教授記念論文集，pp.259-273
小野有五・平川一臣（1975a）ヴュルム氷期における日高山脈周辺の地形形成環境．地理学評論，**48**：1-26
小野有五・平川一臣（1975b）日高山脈における恵庭a降下軽石堆積物の発見とその意義．地質学雑誌，**81**：333-335
柳田　誠・清水長正（1982）額平川源流の氷河堆積物．東北地理，**34**：118
柳田　誠・清水長正・中野守久（1982）日高山脈幌尻岳北カールとその下流側の氷河地形．駒沢地理，No.12, 15-25
岩崎正吾・平川一臣・澤柿教伸（2000a）日高山脈エサオマントッタベツ川流域における第四紀後期の氷河作用とそ

の編年．地学雑誌，**109**：37-55
岩崎正吾・平川一臣・澤柿教伸（2000b）日高山脈トッタベツ川源流域における第四紀後期の氷河作用とその編年．地理学評論，**73A**：498-522
岩崎正吾・平川一臣・澤柿教伸（2002）日高山脈トッタベツ谷における氷河底変形地層について．地学雑誌，**111**：519-530

7　八甲田山
工藤　崇・植木岳雪・宝田晋治・佐々木　寿・佐々木　実（2006）八甲田カルデラ南東地域に分布する鮮新世末期〜中期更新世火砕流堆積物の層序と給源カルデラ．地学雑誌，**115**：1-25
工藤　崇・奥野　充・大場　司・北出優樹・中村俊夫（2000）北八甲田火山群，地獄沼起原の噴火堆積物－噴火様式・規模・年代－．火山，**45**：315-322
工藤　崇・奥野　充・中村俊夫（2003）北八甲田火山群における最近6000年間の噴火活動史．地質学雑誌，**109**：151-165
吉井義次・林　信夫（1935）八甲田山湿原の成因と"田"の研究．生態学研究，**1**：1-13，140-148
Yoshioka, K. and Kaneko, T. (1963) Distribution of plant communities on Mt. Hakkoda in relation to topography. *Ecological Review*, **16**：71-81

9　岩手山
土井宣夫（2000）岩手山の地質－火山灰が語る噴火史－．岩手県滝沢村教育委員会

10　鳥海山
林　信太郎（1999）鳥海火山．フィールドガイド日本の火山4 東北の火山（高橋正樹・小林哲夫編），pp.54-69，築地書館
土屋　巖（1999）日本の万年雪－月山・鳥海山の雪氷現象1971〜1998に関連して．古今書院

11　飯豊山
檜垣大助（1990）飯豊山地山稜部における斜面物質移動の観察．東北地理，**42**(1)：20-21
菊池多賀夫（2001）：斜面方位と植生．地形植生誌，pp.28-41，東京大学出版会
小泉武栄（2005）：風食による植被の破壊がもたらした強風地植物群落の種の多様性．長野県植物研究会誌，**38**：1-9

13　会津駒ケ岳
宮脇　昭・伊藤秀三・奥田重俊（1967）会津駒ヶ岳・田代山・帝釈山自然公園学術調査報告書．pp.15-42，日本自然保護協会
誉田邦夫（1967）会津駒ヶ岳・田代山・帝釈山自然公園学術調査報告書．pp.7-13，日本自然保護協会．
Takaoka, S. (1999) Stability of subalpine forest-meadow boundary inferred from size and age structure of *Abies mariesii* thickets on a Japanese snowy mountain. *Journal of Forest Research.*, **4**：35-40

14　平ケ岳
安田正次・大丸裕武・沖津　進（2007）オルソ化航空写真の年代間比較による山地湿原の植生変化の検出．地理学評論，**80**：842-856

16　谷川岳
小疇　尚・高橋和弘（1999）谷川岳東斜面の氷河地形．日本地理学会発表要旨集，**56**：92-93

19　妙高山・火打山
岡山俊雄（1953）日本の地形構造－地形誌の出発点として－．駿台史学，**3**：28-38
鈴木郁夫（1983）火打山南東斜面の高山景観．新潟のすぐれた自然，pp.116-119，新潟県生活環境部自然保護課
早津賢二・清水　智・板谷徹丸（1994）妙高火山群の活動史－"多世代火山"－．地学雑誌，**103**：207-220

20　金北山（佐渡島）
石沢　進（2008）植物の分布とその特殊性．佐渡島環境大全（宮園　衛・内田　健・本間航介編），pp.28-47，新潟県佐渡市
本間航介（2008）三つの森の形－天然林・二次林・人工林．佐渡島環境大全（宮園　衛・内田　健・本間航介編），pp.101-113，新潟県佐渡市

21 至仏山・燧ケ岳
早川由紀夫 (1994) 燧ケ岳で見つかった約 500 年前の噴火堆積物．火山, **39**: 243-246
早川由紀夫 (1995) 活火山だった尾瀬の燧ケ岳．科学朝日, **55**: 34-37
早川由紀夫・新井房夫・北爪智啓 (1997) 燧ケ岳火山の噴火史．地学雑誌, **106**(5): 660-664

22 男体山・日光白根山
尾方隆幸 (2003) 奥日光，戦場ヶ原の扇状地扇端付近における湿原の縮小と地表面プロセス．地理学評論, **76**: 1025-1039
Ogata, T. (2005) Peaty hummocks as an environmental indicator: a case of Japanese upland mire. *Tsukuba Geoenvironmental Sciences*, **1**: 33-38
Yumoto, M., Ogata, T., Matsuoka, N. and Matsumoto, E. (2006) Riverbank freeze-thaw erosion along a small mountain stream, Nikko volcanic area, central Japan. *Permafrost and Periglacial Processes*, **17**: 325-339.

25 丹沢山
棚瀬充史 (1997) 丹沢山地のマスムーブメント．丹沢大山自然環境総合調査報告書（(財) 神奈川県公園協会・丹沢大山自然環境総合調査団企画委員会編), pp.64-73, 神奈川県環境部
田村　淳・勝山輝男 (2007) 丹沢山地東部の冷温帯自然林において樹木の衰退が樹幹着生植物に及ぼす影響．丹沢大山総合調査学術報告書（丹沢大山総合調査団編), pp.95-100, (財) 平岡環境科学研究所
山根正伸・藤澤示弘・田村　淳・内山佳美・笹川裕史・越地　正・斎藤央嗣 (2007) 丹沢山地のブナ林の現況－林分構造と衰退状況－．丹沢大山総合調査学術報告書（丹沢大山総合調査団編), pp.479-484, (財) 平岡環境科学研究所

27 八ケ岳
土田勝義編 (1991) 八ヶ岳の自然．信濃毎日新聞社
八ヶ岳団体研究グループ (2000) 八ヶ岳火山．ほおずき書籍
茅野市編 (1986) 自然．茅野市史 別巻, 茅野市
星野吉晴 (2003) 八ヶ岳．信濃毎日新聞社

30 白馬岳
苅谷愛彦 (2008) 白馬大雪渓を地形学の眼で見る－登山と観光の「安全」のために．地理, **53**(5): 96-107
Kariya, Y., Sato, G. and Kuroda, S. (2009) Effects of landslides on landscape evolution in alpine zone of Mount Shiroumad-dake, northern Japanese Alps. *Geographical Reports of Tokyo Metropolitan University*, **44**: 63-70.
Kariya, Y., Sato, G. and Komori, J. (2011) Landslide-induced terminal moraine-like landforms on the east side of Mount Shiroumadake, northern Japanese Alps. *Geomorphology*, **127**: 156-165
小疇　尚・杉原重夫・清水文健・宇都宮陽二朗・岩田修二・岡沢修一 (1974) 白馬岳の地形学的研究．駿台史学, **35**: 01-086
小泉武栄 (1993) 日本の山はなぜ美しい－山の自然学への招待－．古今書院
中野　俊・竹内　誠・吉川敏之・長森英明・苅谷愛彦・奥村晃史・田口雄作 (2002) 白馬岳地域の地質．地域地質研究報告（5万分の1地質図幅). 産総研地質調査総合センター

31 剱岳
原山　智・高橋　浩・中野　俊・苅谷愛彦・駒澤正夫 (2000) 立山地域の地質．地域地質研究報告（5万分の1地質図幅). 地質調査所, 218p.

32 立山
深井三郎 (1975) 北アルプスの氷河地形の形成とその時期．日本の氷期の諸問題（式　正英編), pp.1-14. 古今書院
Kawasumi, T. (2003) Glacial expansion during the early stage of the last glacial period on Mt. Tateyama, central Japan. *Geographical Review of Japan*, **76**: 854-868

33 槍ケ岳
原山　智・竹内　誠・中野　俊・佐藤岱生・滝沢文教 (1991) 槍ヶ岳地域の地質．地域地質研究報告（5万分の1地質図幅). 地質調査所, 190p.
原山　智 (2010) 上高地物語 その12「ピサの斜塔－槍ヶ岳」．信州大学山岳科学総合研究所ニュースレター, **21**: 6

34 穂高岳

原山　智（1990）上高地地域の地質．地域地質研究報告（5万分の1地質図幅），地質調査所，175p.
原山　智（2008）上高地物語その8「超火山槍・穂高一巨大カルデラ断面の展望」．信州大学山岳科学総合研究所ニュースレター，**13**：7
原山　智（2010）上高地に5000年間存在した巨大せき止め湖―それはどのように誕生し，そして消滅したか？　信州大学山岳科学総合研究所ニュースレター，**20**：6-7

36 御嶽

高橋正樹・小林哲夫編（2000）中部・近畿・四国の火山．築地書館

39 鳳凰三山

深田久弥（1964）日本百名山．新潮社
本多勝一（1987）50歳から再開した山歩き．朝日新聞社

41 白山

高橋正樹・小林哲夫編（2000）中部・近畿・中国の火山．築地書館

44 大山

津久井雅志（1984）大山火山の地質．地質学雑誌，**90**：643-658
津久井雅志・西戸裕嗣・永尾敬介（1985）蒜山火山群・大山火山のK-Ar年代．地質学雑誌，**91**：279-288
町田　洋・新井房夫（1992）火山灰アトラス―日本列島とその周辺．東京大学出版会

45 三瓶山

福岡　孝・松井整司（2002）AT降灰以降の三瓶火山噴出物の層序．地球科学，**56**：105-122

47 石鎚山

甲藤次郎（1979）石鎚・面河の地質．石鎚国定公園石鎚山・面河地区自然環境保全調査報告書，pp.3-32，日本自然保護協会
鈴木兵二・安藤久次・関　太郎・豊原源太郎・松井宏光（1979）石鎚山の植生．石鎚国定公園石鎚山・面河地区自然環境保全調査報告書，pp.33-51，日本自然保護協会
山中二男（1981）四国のシラベについての問題．高知大学教育学部研究報告（第3部），**33**，19-24．
中村幸人（1982）亜高山性常緑針葉樹林．日本植生誌 四国（宮脇　昭編著），pp.378-382，至文堂
佐々木　寧（1982）ブナクラス域．日本植生誌 四国（宮脇　昭編著），pp.300-335，至文堂
山中二男（1979）石鎚山地にみられたササの枯死後の植生変化．石鎚国定公園石鎚山・面河地区自然環境保全調査報告書，pp.65-73，日本自然保護協会
和田豊洲・宮崎　榊・常石雅実（1939）高知営林局管内国有林植生調査報告．217p，高知営林局
岡　秀一（2009）石鎚山―亜高山針葉樹林の南限．日本の気候景観―風と樹風と集落―（青山高義・小川　肇・岡　秀一・梅本　亨編著），pp.74-75，古今書院

48 大満寺山（隠岐）

山内靖喜・澤田順弘・高須　晃・小室裕明・村上　久・小林伸治・田山良一（2009）西郷地域の地質図．独立行政法人産業技術総合研究所地質調査総合センター
市川健夫・山下脩二・白坂　蕃・小泉武栄（1997）青潮文化．古今書院

49 雲仙岳

太田一也（2009）1990-1992年雲仙岳噴火活動．地質学雑誌，**99**：835-854
高橋正樹・小林哲夫編（1999）フィールドガイド日本の火山5 九州の火山．築地書館

50 阿蘇山

内野明徳（1994）阿蘇の植物．平成6年度熊本大学放送公開講座 阿蘇―自然と人の営み，pp.55-74，熊本大学

51 霧島山

遠藤　尚（1969）火山灰層による霧島熔岩類の編年（試論）．霧島山総合調査報告書（霧島山総合研究会編），pp.13-30

宍戸元彦（1969）霧島山の森林植生．霧島山総合調査報告書（霧島山総合研究会編），pp. 125-144
平田正一（1969）霧島山の植物解説．霧島山総合調査報告書（霧島山総合研究会編），pp. 112-124
町田　洋ほか（2001）日本の地形7 九州・南西諸島．pp. 152-155，東京大学出版会

52　大崩山
高橋正樹（1999）花崗岩が語る地球の歴史．岩波書店

編集者略歴

小 泉 武 栄
（こいずみたけ えい）

1948 年　長野県に生まれる
1977 年　東京大学大学院理学系研究科
　　　　博士課程単位取得退学
1994 年　東京学芸大学教育学部教授
現　在　東京学芸大学名誉教授
　　　　理学博士

図説　日本の山
自然が素晴らしい山50選　　　　定価はカバーに表示

2012 年 5 月 25 日　初版第 1 刷
2018 年 9 月 25 日　　　 第 2 刷

編集者　小 泉 武 栄
発行者　朝 倉 誠 造
発行所　株式会社 朝 倉 書 店
　　　　東京都新宿区新小川町 6-29
　　　　郵便番号　162-8707
　　　　電　話　03（3260）0141
　　　　ＦＡＸ　03（3260）0180
　　　　http://www.asakura.co.jp

〈検印省略〉

© 2012〈無断複写・転載を禁ず〉　　　印刷・製本　東国文化

ISBN 978-4-254-16349-0　C 3025　　　Printed in Korea

JCOPY　〈(社)出版者著作権管理機構 委託出版物〉

本書の無断複写は著作権法上での例外を除き禁じられています．複写される場合は，そのつど事前に，(社)出版者著作権管理機構（電話 03-3513-6969，FAX 03-3513-6979，e-mail: info@jcopy.or.jp）の許諾を得てください．

日本地質学会編 日本地方地質誌1 **北 海 道 地 方** 16781-8 C3344　B5判 664頁 本体26000円	北海道地方の地質を体系的に記載。中生代～古第三紀収束域・石炭形成域／日高衝突帯／島弧会合部／第四紀／地形面・地形面堆積物／火山／海洋地形・地質／地殻構造／地質資源／燃料資源／地下水と環境／地質災害と予測／地質体形成モデル
日本地質学会編 日本地方地質誌2 **東 北 地 方** 16782-5 C3344　B5判 712頁 本体27000円	東北地方の地質を東日本大震災の分析を踏まえ体系的に記載。総説・基本構造／構造発達史／中・古生界／白亜系-古第三系／白亜紀-古第三紀火成岩類／新第三系-第四系／変動地形／火山／海洋地質／2011年東北地方太平洋沖地震／地質災害他
日本地質学会編 日本地方地質誌3 **関 東 地 方** 16783-2 C3344　B5判 592頁 本体26000円	関東地方の地質を体系的に記載・解説。成り立ちから応用まで，関東の地質の全体像が把握できる。〔内容〕地質概説(地形／地質構造／層序変遷他)／中・古生界／第三系／第四系／深部地下地質／海洋地質／地震・火山／資源・環境地質／他
日本地質学会編 日本地方地質誌4 **中 部 地 方**（CD-ROM付） 16784-9 C3344　B5判 588頁 本体25000円	中部地方の地質を「総論」と露頭を地域別に解説した「各論」で構成。〔内容〕【総論】基本枠組み／プレート運動とテクトニクス／地質体の特徴【各論】飛驒／舞鶴／来馬・手取／伊豆／断層／活火山／資源／災害／他
日本地質学会編 日本地方地質誌5 **近 畿 地 方** 16785-6 C3344　B5判 472頁 本体22000円	近畿地方の地質を体系的に記載・解説。成り立ちから応用地質学まで，近畿の地質の全体像が把握できる。〔内容〕地形・地質の概要／地質構造発達史／中・古生界／新生界／活断層・地下深部構造・地震災害／資源・環境・地質災害
日本地質学会編 日本地方地質誌6 **中 国 地 方** 16786-3 C3344　B5判 576頁 本体25000円	古い時代から第三紀中新世の地形，第四紀の気候・地殻変動による新しい地形すべてがみられる。〔内容〕中・古生界／新生界／変成岩と変成作用／白亜紀・古第三紀／島弧火山岩／ネオテクトニクス／災害地質／海洋地質／地下資源
日本地質学会編 日本地方地質誌7 **四 国 地 方** 16787-0 C3344　B5判 708頁 本体27000円	四国地方の地質を体系的に記載。地質概説・地体構造／領家帯／三波川帯／御荷鉾緑色岩類／秩父帯／四万十帯／新第三紀火成岩類／新生代堆積岩類／ネオテクトニクス／地質災害／温泉・地下水／地下資源／海洋地質／地殻構造／他
日本地質学会編 日本地方地質誌8 **九 州・沖 縄 地 方** 16788-7 C3344　B5判 648頁 本体26000円	この半世紀の地球科学研究の進展を鮮明に記す。地球科学のみならず自然環境保全・防災・教育関係者も必携の書。〔内容〕序説／第四紀テクトニクス／新生界／中・古生界／火山／深成岩／変成岩／海洋地質／環境地質／地下資源
日本雪氷学会監修 **雪 と 氷 の 事 典**（新装版） 16131-1 C3544　A5判 784頁 本体16000円	日本人の日常生活になじみ深い「雪」「氷」を科学・技術・生活・文化の多方面から解明し，あらゆる知見を集大成した本邦初の事典。身近な疑問に答え，ためになるコラムも多数掲載。〔内容〕雪氷圏／降雪／積雪／融雪／吹雪／雪崩／氷／氷河／極地氷床／海氷／凍上・凍土／雪氷と地球環境変動／宇宙雪氷／雪氷災害と対策／雪氷と生活／雪氷リモートセンシング／雪氷観測／付録(雪氷研究年表／関連機関リスト／関連データ)／コラム(雪はなぜ白いか？／シャボン玉も凍る？他)
元東大 下鶴大輔・前東大 荒牧重雄・前東大 井田喜明・東大 中田節也編 **火 山 の 事 典**（第2版） 16046-8 C3544　B5判 592頁 本体23000円	有珠山，三宅島，雲仙岳など日本は世界有数の火山国である。好評を博した第1版を全面的に一新し，地質学・地球物理学・地球化学などの面から主要な知識とデータを正確かつ体系的に解説。〔内容〕火山の概観／マグマ／火山活動と火山帯／火山の噴火現象／噴出物とその堆積物／火山の内部構造と深部構造／火山岩／他の惑星の火山／地熱と温泉／噴火と気候／火山観測／火山災害と防災対応／外国の主な活火山リスト／日本の火山リスト／日本と世界の火山の顕著な活動例

首都大 髙橋日出男・前学芸大 小泉武栄編著
地理学基礎シリーズ2

自然地理学概論

16817-4 C3325　　B5判 180頁 本体3300円

中学・高校の社会科教師を目指す学生にとってスタンダードとなる自然地理学の教科書。自然地理学が対象とする地表面とその近傍における諸事象をとりあげ、具体的にわかりやすく、自然地理学を基礎から解説している。

前法大 田渕 洋編著

自然環境の生い立ち（第3版）
―第四紀と現在―

16041-3 C3044　　A5判 216頁 本体3200円

地形、気候、水文、植生などもっぱら地球表面の現象を取り扱い、図や写真を多く用いることにより、第四紀から現在に至る自然環境の生い立ちを理解することに眼目を置いて解説。〔内容〕第四紀の自然像／第四紀の日本／第四紀と人類

前駒沢大 中村和郎・前立正大 新井 正・
前都立大 岩田修二・元東大 米倉伸之編
日本の地誌1

日本総論 I（自然編）

16761-0 C3325　　B5判 416頁 本体18000円

〔内容〕日本列島の位置と自然の特徴（地形・気候・生きものたち・自然史）／日本列島の自然環境（自然景観・気候景観・水循環と水利用・人間が作った自然）／日本の自然環境と人間活動（土地利用・大規模開発と環境破壊・防災・自然保護運動）

前筑波大 山本正三・帝京大 谷内 達・前埼大 菅野峰明・
前筑波大 田林 明・元筑波大 奥野隆史編
日本の地誌2

日本総論 II（人文・社会編）

16762-7 C3325　　B5判 600頁 本体23000円

〔内容〕現代日本の特質／住民と地域組織（人口・社会・文化・政治・行政）／資源と産業（農業・林業・水産業・資源・工業・商業・余暇・観光・地域政策）／農村と都市／日本の生活形態／人口と財・情報の流動／日本の地域システム

前北教大 山下克彦・前北大 平川一臣編
日本の地誌3

北　海　道

16763-4 C3325　　B5判 536頁 本体22000円

〔内容〕北海道の領域と地域的特徴／北海道の地域性（地理的性格・歴史的背景・自然環境・住民と生活・空間の組織化・資源と産業・農山漁村とその生活・都市とその機能）／北海道地方の地域性（道南地域・道央地域・道北地域・道東地域）

立正大 田村俊和・前筑波大 石井英也・
東北大 日野正輝編
日本の地誌4

東　　　　　北

16764-1 C3325　　B5判 516頁 本体20000円

〔内容〕東北地方の領域と地域的特徴／東北地方の地域性（地理的性格・歴史的背景・自然環境・住民と生活・空間の組織化・資源と産業・農山集落と景観ほか）／東北地方の地域誌（青森県・岩手県・秋田県・宮城県・山形県・福島県）

前埼大 菅野峰明・日大 佐野 充・帝京大 谷内 達編
日本の地誌5

首　都　圏　I

16765-8 C3325　　B5判 596頁 本体23000円

〔内容〕首都圏中心部の領域と地域的特徴／首都圏中心部の地域性（地理的性格・歴史的背景・自然環境・住民と生活・空間の組織化・資源と産業・都市問題）／首都圏の地域誌（東京都・神奈川県・埼玉県・千葉県：性格と地域誌）

前筑波大 斎藤 功・前筑波大 石井英也・
前都立大 岩田修二編
日本の地誌6

首　都　圏　II

16766-5 C3325　　B5判 596頁 本体23000円

〔内容〕首都圏外縁部の領域と地域的特徴／首都圏外縁部の地域性（地理的性格・歴史的背景・自然環境・住民と生活・空間の組織化・資源と産業・都市の機能）／首都圏外縁部各県の地域誌（群馬県・栃木県・茨城県・長野県・山梨県・新潟県）

愛知大 藤田佳久・前筑波大 田林 明編
日本の地誌7

中　部　圏

16767-2 C3325　　B5判 688頁 本体26000円

〔内容〕中部圏の領域と地域的特徴／東海地方・北陸地方の地域性（地理的性格・歴史的背景・自然環境ほか）／東海地方および各県の地域誌（愛知県・静岡県・岐阜県・三重県）／北陸地方および各県の地域誌（富山県・石川県・福井県）

前京大 金田章裕・京大 石川義孝編
日本の地誌8

近　畿　圏

16768-9 C3325　　B5判 580頁 本体26000円

〔内容〕近畿圏の領域と地域的特徴／近畿地方の地域性（地理的性格・歴史的背景・自然環境・住民と生活・資源と産業・農山漁村とその生活・都市とその機能ほか）／近畿地方の地域誌（大阪府・兵庫県・京都府・滋賀県・奈良県・和歌山県）

前広島大 森川 洋・前松山大 篠原重則・
元筑波大 奥野隆史編
日本の地誌9

中　国　・　四　国

16769-6 C3325　　B5判 648頁 本体25000円

〔内容〕中国・四国地方の領域と地域的特徴／中国地方の地域性／中国地方の地域誌（各県の性格と地域誌：鳥取県・島根県・岡山県・広島県・山口県）／四国地方の地域性／四国地方の地域誌（香川県・愛媛県・徳島県・高知県）

前九大 野澤秀樹・久留米大 堂前亮平・
前筑波大 手塚 章編
日本の地誌10

九　州　・　沖　縄

16770-2 C3325　　B5判 672頁 本体25000円

〔内容〕九州・沖縄地方の領域と地域的特徴／九州地方の地域性／九州の地域誌（福岡県・佐賀県・長崎県・熊本県・大分県・宮崎県・鹿児島県）／沖縄地方の地域性／沖縄地方の地域誌（沖縄県）

早大 柴山知也・東大 茅根 創編	日本全国の海岸50あまりを厳選しオールカラーで解説。〔内容〕日高・胆振海岸／三陸海岸／高田海岸／新潟海岸／夏井・四倉／三番瀬／東京湾／三保ノ松原／気比の松原／大阪府／天橋立／森海岸／鳥取海岸／有明海／指宿海岸／サンゴ礁／他
図説 日 本 の 海 岸	
16065-9 C3044　　　B5判 160頁 本体4000円	
前三重大 森 和紀・上越教育大 佐藤芳徳著	日本の湖沼を科学的視点からわかりやすく紹介。〔内容〕I. 湖の科学（流域水循環，水収支など）／II. 日本の湖沼環境（サロマ湖から上甑島湖沼群まで，全国40の湖・湖沼群を湖盆図や地勢図，写真，水温水質図と共に紹介）／付表
図説 日 本 の 湖	
16066-6 C3044　　　B5判 176頁 本体4300円	
前農工大 小倉紀雄・九大 島谷幸宏・前大阪府大 谷田一三編	日本全国の52河川を厳選しオールカラーで解説〔内容〕総説／標津川／釧路川／岩木川／奥入瀬川／利根川／多摩川／信濃川／黒部川／柿田川／木曽川／鴨川／紀ノ川／淀川／斐伊川／太田川／吉野川／四万十川／筑後川／屋久島／沖縄／他
図説 日 本 の 河 川	
18033-6 C3040　　　B5判 176頁 本体4300円	
日本湿地学会監修	日本全国の湿地を対象に，その現状や特徴，魅力，豊かさ，抱える課題等を写真や図とともにビジュアルに見開き形式で紹介。〔内容〕湿地と人々の暮らし／湿地の動植物／湿地の分類と機能／湿地を取り巻く環境の変化／湿地を守る仕組み・制度
図説 日 本 の 湿 地 ―人と自然と多様な水辺―	
18052-7 C3040　　　B5判 228頁 本体5000円	
前下関市大 平岡昭利・駒澤大 須山 聡・琉球大 宮内久光編	国内の特徴ある島嶼を対象に，地理，自然から歴史，産業，文化等を写真や図と共にビジュアルに紹介〔内容〕礼文島／舳倉島／伊豆大島／南鳥島／淡路島／日振島／因島／隠岐諸島／平戸・生月島／天草諸島／与論島／伊平屋島／座間味島／他
図説 日 本 の 島 ―76の魅力ある島々の営み―	
16355-1 C3025　　　B5判 192頁 本体4500円	
前森林総研 鈴木和夫・東大 福田健二編著	カラー写真を豊富に用い，日本に自生する樹木を平易に解説。〔内容〕概論（日本の林相・植物の分類）／各論（10科―マツ科・ブナ科ほか，55属―ヒノキ属・サクラ属ほか，100種―イチョウ・マンサク・モウソウチクほか，きのこ類）
図説 日 本 の 樹 木	
17149-5 C3045　　　B5判 208頁 本体4800円	
石川県大 岡崎正規・農工大 木村園子ドロテア・農工大 豊田剛己・北大 波多野隆介・農環研 林健太郎著	日本の土壌の姿を豊富なカラー写真と図版で解説。〔内容〕わが国の土壌の特徴と分布／物質は巡る／生物を育む土壌／土壌と大気の間に／土壌から水・植物・動物・ヒトへ／ヒトから土壌へ／土壌資源／土壌と地域・地球／かけがえのない土壌
図説 日 本 の 土 壌	
40017-5 C3061　　　B5判 184頁 本体5200円	
日本地質学会構造地質部会編	日本全国にある特徴的な地質構造―断層，活断層，断層岩，剪断帯，褶曲層，小構造，メランジュ―を100選び，見応えのあるカラー写真を交えわかりやすく解説。露頭へのアクセスマップ付き。理科の野外授業や，巡検ガイドとして必携の書。
日 本 の 地 質 構 造 100 選	
16273-8 C3044　　　B5判 180頁 本体3800円	
日本雪氷学会編	気象観測・予報，雪氷研究，防災計画，各種コンサルティング等に必須の観測手法の数々を簡便に解説〔内容〕地上気象観測／降積雪の観測／融雪量の観測／断面観測／試料採取／観察と撮影／スノーサーベイ／弱層テスト／付録（結晶分類他）／他
積 雪 観 測 ガ イ ド ブ ッ ク	
16123-6 C3044　　　B6判 148頁 本体2200円	
前東大 大澤雅彦・屋久島環境文化財団 田川日出夫・京大 山極寿一編	わが国有数の世界自然遺産として貴重かつ優美な自然を有する屋久島の現状と魅力をヴィジュアルに活写。〔内容〕気象／地質・地形／植物相と生態／動物相と生態／暮らしと植生のかかわり／屋久島の利用と保全／屋久島の人，歴史，未来／他
世界遺産 屋 久 島 ―亜熱帯の自然と生態系―	
18025-1 C3040　　　B5判 288頁 本体9500円	
日本地形学連合編　前中大 鈴木隆介・前阪大 砂村継夫・前筑波大 松倉公憲責任編集	地形学の最新知識とその関連用語，またマスコミ等で使用される地形関連用語の正確な定義を小項目辞典の形で総括する。地形学はもとより関連する科学技術分野の研究者，技術者，教員，学生のみならず，国土・都市計画，防災事業，自然環境維持対策，観光開発などに携わる人々，さらには登山家など一般読者も広く対象とする。収録項目8600。分野：地形学，地質学，年代学，地球科学一般，河川工学，土壌学，海洋・海岸工学，火山学，土木工学，自然環境・災害，惑星科学等
地 形 の 辞 典	
16063-5 C3544　　　B5判 1032頁 本体26000円	

上記価格（税別）は 2018 年 8 月現在